中上扬子地区震旦系—志留系富有机质页岩岩相古地理及页岩气资源潜力评价

胡明毅　胡忠贵　邱小松　邓庆杰　著

U0361053

科 学 出 版 社

北 京

内 容 简 介

　　富有机质页岩时空展布和页岩气资源潜力评价是页岩气勘探开发的关键基础地质问题。本书利用大量露头剖面、钻井资料和测试分析资料系统阐述中国南方中上扬子地区陡山沱组、牛蹄塘组、五峰组—龙马溪组等富有机质页岩层段沉积相及岩相古地理特征,探讨该区页岩气储层特征及非均质性、有机地球化学特征、保存条件等,提出页岩气资源潜力评价的指标体系和评价标准,计算页岩气资源量,优选页岩气有利富集区块。

　　本书资料翔实,论述深入,可供从事页岩气勘探开发的研究人员参考,也可供高等院校地质专业的师生阅读使用。

图书在版编目(CIP)数据

中上扬子地区震旦系—志留系富有机质页岩岩相古地理及页岩气资源潜力评价/胡明毅等著. —北京:科学出版社,2016.11
ISBN 978-7-03-050507-1

Ⅰ.①中… Ⅱ.①胡… Ⅲ.①扬子板块-震旦纪-研究 Ⅳ.①P618.130.2

中国版本图书馆 CIP 数据核字(2016)第 269269 号

责任编辑:闫　陶　何　念/责任校对:董艳辉
责任印制:彭　超/封面设计:苏　波

科　学　出　版　社　出版
北京东黄城根北街 16 号
邮政编码:100717
http://www.sciencep.com

武汉中远印务有限公司印刷
科学出版社发行　各地新华书店经销
*

开本:787×1092　1/16
2016 年 11 月第 一 版　印张:11 3/4
2016 年 11 月第一次印刷　字数:278 000

定价:109.00 元
(如有印装质量问题,我社负责调换)

序

　　石油和天然气是关系国家安全和国民经济发展的重要能源。随着我国国民经济的快速发展，对石油和天然气等能源的需求越来越大。近年来我国石油对外依存度已高达50%以上，且这一比例将持续加大。目前我国大多油田勘探开发已进入中后期，在现有理论认识水平和技术条件下，常规油气的储量和产能不可能有大的突破性增长，因此加快和加速寻找新的非常规油气资源成为我国能源工业发展的首要任务。"十二五"期间，国土资源部以及中石化、中石油和中海油都加快了非常规油气资源潜力评价和勘探开发的进程。通过对国内外地质条件和大量勘探实例对比分析表明，中国南方中上扬子地区海相富有机质页岩资源潜力巨大，该区是我国非常规油气资源中最具勘探前景的地区之一。尽管如此，由于中上扬子地区海相富有机质页岩演化程度高，后期构造改造强烈，其页岩气资源潜力评价和区带预测存在诸多理论和技术难题亟待解决，具体包括以下几个方面的问题：①富有机质页岩的时空展布问题；②高演化程度海相富有机质页岩成藏条件；③复杂构造改造区的页岩气保存条件；④高成熟海相页岩气资源量潜力评价和区带优选。上述问题是制约中国南方中上扬子地区海相富有机质页岩气勘探开发前景的关键科学问题。

　　在上述背景条件下，胡明毅教授领导的科研团队近年来在国土资源部、油田企业和非常规油气湖北省协同创新中心等单位的支持下，围绕中国南方中上扬子地区海相富有机质页岩时空分布与非常规资源潜力评价、区带预测中的关键科学技术问题开展了深入研究，取得了有新意的基础性研究成果：①系统编制了中上扬子地区富有机质页岩岩相古地理图，揭示了富有机质页岩时空分布规律，明确指出深水陆棚硅质和碳质页岩为富有机质页岩发育的有利相带，为中国南方海相页岩气资源潜力分析和选区评价奠定了基础；②阐明了海相页岩富有机质页岩储层发育特征，指出中国南方高成熟海相页岩气储层以有机质孔隙为主，有利页岩储层位于海侵体系域和早期高位体系域，揭示了页岩气储层的纵向非均质性特征；③提出了复杂构造区"整体-动态-层次"页岩气保存条件的评价思路，立足于断裂强度和顶底板封闭性，构建了从宏观保存条件到微观保存标志两个层次的评价体系与标准；④建立了适合中国南方高成熟海相页岩气资源评价的指标体系和评价标准，优选了页岩气有利富集区块，对我国南方海相页岩气勘探开发实践具有一定的指导意义。应当指出的是，该书中所做出的各项预测还有待于勘探实践的验证，所制定的评价参数也必将随着勘探的深入而调整。

　　总之，该书反映了近年来中国南方海相富有机质页岩岩相古地理与非常规资源潜力评价研究的最新进展，丰富和发展了细粒岩沉积学和非常规油气地质理论。愿该书的出版，不断推动我国非常规油气地质理论创新与技术进步，不断推动我国页岩气的发现，为我国能源工业的快速发展做出更大的贡献。

中国科学院院士

2016 年 6 月 15 日

前　言

随着国民经济的快速发展,我国的能源需求逐年增高,能源的对外依存度随之提高,给我国的经济发展和能源安全带来巨大的挑战。世界石油天然气工业已进入常规油气与非常规油气并重发展的年代,而且非常规油气在世界油气新增储量和产量中所占的比例越来越大,因此发展我国的非常规油气已成为石油与天然气工业发展的必然趋势和必经之路。近年来,非常规油气资源的研究在我国的学术界、工业界以及政府部门日益引起重视。基于成藏聚集机理、赋存方式等特性,非常规天然气主要包括致密砂岩气、煤层气、页岩气及天然气水合物等多种类型,天然气包括生物成因气、热解气、裂解气等类型。

页岩气作为一种非常规气藏,具有巨大的资源前景,可以有效增加我国天然气储量,页岩气相关领域的研究已经成为国内外学者研究的热点和前沿问题。页岩气是指主体位于黑色富有机质泥页岩中,以吸附或游离状态为主要存在方式的天然气聚集。其中吸附气主要吸附于干酪根、黏土矿物及孔隙表面,游离气主要赋存于微孔隙和微裂缝中,仅有少量的溶解气溶解于沥青质或石油中。天然气生成之后,在源岩层内的就近聚集表现为典型的原地成藏模式,即富含有机质的页岩,在一系列地质作用下,生成的大量烃类,部分被排出、运移到渗透性岩层中,聚集形成了构造、岩性等油气藏,其余部分仍滞留在页岩中,富集形成页岩气藏。美国和加拿大油气勘探技术相对较成熟,非常规油气尤其是页岩气已经取得了大规模的商业开发。据世界能源理事会、美国地质调查统计局等机构统计,世界页岩气的资源量为 636.3×10^{12} m^3,相当于煤层气和致密砂岩油气的总和,其主要分布在北美、中亚、中国、中东和北非、拉丁美洲、俄罗斯等地。中国页岩分布范围广,海相页岩分布于扬子、华北、塔里木地区,陆相页岩分布于四川盆地、鄂尔多斯盆地、渤海湾盆地、松辽盆地、塔里木盆地及准噶尔盆地等。2012 年国土资源部油气资源战略研究中心开展了"全国页岩气资源潜力调查评价及有利区优选"研究,结果表明我国页岩气地质资源潜力为 134.4×10^{12} m^3,可采资源潜力为 25.1×10^{12} m^3,其中中国南方中上扬子地区海相页岩气地质资源潜力巨大。

近年来,国内众多学者对中国南方海相页岩气勘探开发做了大量的研究工作,结果表明中国南方下寒武统牛蹄塘组、上奥陶统五峰组—下志留统龙马溪组两套海相地层黑色泥页岩发育,具有分布面积广泛、沉积厚度大、有机质丰度高和成熟度较高的特点,具备页岩气成藏的基本地质条件,有望成为中国页岩气勘探开发的热点区域。尽管如此,由于中国南方海相页岩形成时代老,热演化程度高,一般达到过成熟阶段,形成后经历了多期强烈的构造运动改造,页岩气保存条件发生很大的变化,因此中国南方海相页岩资源潜力评价与勘探区带选择存在以下几个方面的关键技术难题:①富有机质页岩岩相古地理与时空分布;②富有机质页岩差异性成藏条件;③复杂构造改造区页岩气保存条件研究;④海相页岩气资源量潜力评价方法和页岩气有利区带预测。针对上述科学问题,笔者以中国南方中上扬子地区富有机质页岩层段为研究目标,开展了精细岩相古地理及页岩气资源潜力评价研究,取得了一些可喜的研究成果。全书共五章。第一章阐述页岩气基本特征及国内外勘探开发现状;第二章阐述中上扬子地区震旦纪—志留纪构造背景、地层划分与对比特征及沉积演化规律,明确下震旦统陡山沱组、下寒武统牛蹄塘组、上奥陶统五峰组—下志留统龙马溪组为富有机质页岩发育层段;第三章阐述富有机质页岩沉积相类型及发育特征,编制富有机质页岩层段岩相古地理图,揭示富有机质页岩时空展布,明确指出深水碳质陆棚和硅质陆棚为有利富有机质页岩相带;第四章阐述页岩气成藏条件和成藏机理,系统剖析中上扬子地区海相富有机质页岩分布特征、有机地球化学特征、储层特征和非均质性以及页岩气含气性和保存条件;第五章阐述页岩气资源潜力评价标准及有利区带优选,建立适合中国南方海相页岩气资源评价的指标体系和评价标准,明确各评价参数的赋值方法,计算中上扬子地区页岩气资源量,优选页岩气有利富集区块。

本书研究内容是作者近年来从事中国南方页岩气相关研究基础上的成果总结,本书由胡明毅、胡忠贵、邱小松和邓庆杰编写完成,汤济广参与了本书第四章第六节的编写工作,本书统编和定稿工作由胡明毅完成。博士研究生杨巍、蔡全升、黎荣和硕士研究生赵恩璋、王晓培、代龙、朱文平、周喆、王伟、王志峰、潘勇利、王振鸿、邓猛、黎祺、薛丹、杨卓伟、韩露、左洺滔、秦鹏等参加了项目资料收集整理、野外露头调查、岩心观察、室内综合研究及图件清绘工作。

感谢国土资源部油气资源战略研究中心、中石化江汉油田分公司、中海油研究总院、中石油西南油气田分公司、中国地质调查局武汉地质调查中心、非常规油气湖北省协同创新中心、湖北省科学技术厅给予的支持和帮助;感谢康玉柱院士、金之钧院士、郝芳院士、邓运华院士、李思田教授、张金川教授、于炳松教授、徐国盛教授、乔德武研究员、李玉喜研究员、潘继平研究员、吴景富教授、徐强教授、张功成教授、梁建设教授、包书景研究员、姚华舟研究员、陈孝红研究员、王传尚研究员、白云山研究员等专家在研究过程中给予的悉心指导和帮助!

在本书即将出版之际,承蒙我国著名石油地质学家、中国科学院金之钧院士欣然为本书作序,特此致谢!

由于作者的水平有限,书中不足之处在所难免,敬请读者批评指正!

作　者

2016 年 7 月

目　　录

页岩气概述　第一章

第一节　页岩气基本特征

页岩气是指主体位于暗色富有机质泥页岩中，以吸附或游离状态为主要存在方式的天然气聚集，属于自生自储、原位饱和气藏（邹才能等，2010）。页岩气成因类型可以是生物成因、热裂解成因或混合成因，其与常规天然气资源的不同之处在于它具有典型的过渡性成藏机理及"自生、自储、自封闭"成藏模式，即富有机质泥页岩既是天然气生成的源岩，也是聚集和保存天然气的储层和盖层（陈更生等，2009；邹才能等，2009；Hill et al.，2007；Jarvie et al.，2007；张金川等，2004；Curtis，2002）。

一、页岩气生成机理

国外学者通过对页岩气组分及成熟度特征分析，表明页岩气是连续生成的生物化学成因气、热成因气或两者的混合。生物化学成因气是有机质在低温条件下经微生物分解和还原作用形成的天然气，热成因气是有机质在较高温度及持续加热期间经热降解或裂解作用形成的天然气。相对于热成因气，生物成因的页岩气分布有限，主要分布于盆地边缘的泥页岩中（Martini et al.，2008，1998；Robert et al.，2007；金之钧等，2002；Hill et al.，2002；Curtis，2002）。

1. 生物化学成因气

富有机质泥页岩在低温、缺氧、缺硫酸盐的还原环境下，厌氧的甲烷菌等微生物在泥页岩孔隙中大量生长繁殖，在这些微生物的生物化学降解作用下，将沉积有机质选择性分解，生成甲烷等小分子气体。生物化学成因作用还可以通过二氧化碳的还原作用和醋酸盐的发酵作用生成甲烷。

CO_2 还原作用：　　　　$CO_2 + 4H_2 \longrightarrow CH_4 + 2H_2O$　　　　　　　　　（反应1）

醋酸盐发酵作用：　$CH_3COOH^- \longrightarrow CH_4 + HCO_3^-$　　　　　　　　　（反应2）

在微生物生成甲烷的过程中二氧化碳还原作用和醋酸盐发酵作用是同时作用的。但是在不同的情况下，它们所生成的数量是不同。据同位素成分分析，大多数古代生物成因气聚集可能是由二氧化碳还原作用生成的，而近代沉积环境中两种作用都广泛存在。近地表的、未固结的沉积物可以通过上述两种作用形成生物气（Martini et al.，1998）。

2. 热成因气

热成因作用是指富有机质泥页岩随着埋深增加,温度、压力增大,页岩中大量的有机质发生降解或热裂解作用。通过有机质的热模拟试验表明,在整个热演化过程中,干酪根、沥青和原油均可以生成天然气,因此在泥页岩热演化过程中可以连续生成天然气。热演化早期,在黏土矿物的催化作用下干酪根发生降解作用,杂原子(O,N,S)的化学键断裂产生二氧化碳、水、氨、硫化氢等挥发性物质逸散,同时获得大量低分子液态烃和气态烃,该过程多次发生后有机质大量转换为石油和天然气;热演化中晚期,随着埋深增大,温度和压力不断升高,地温超过烃类物质的临界温度,C—C键大量断裂使得干酪根、沥青和原油等烃类物质,发生裂解作用产生大量的天然气。随着热演化程度的加大,热成因气在页岩中的体积分数逐渐增加。

总之,页岩气形成的本质是沉积物中的有机质在一定的温度、压力和还原环境下经生物化学作用和热裂解作用生成甲烷等烃类物质。

二、页岩气聚集机理

对页岩气来说,富有机质页岩是气源岩也是储集层,页岩气的运移、聚集始终在页岩层系内部进行,因此页岩气具无运移或者短距离运移的特点。其主要以三种方式赋存在页岩层系中,即以吸附态吸附于有机质和黏土矿物表面;以溶解态溶解于有机质及地下流体中;以游离态充填于孔隙与裂缝中(Curtis,2002)。

1. 吸附机理及吸附气聚集过程

吸附作用是指天然气吸附于固体或者液体物质表面上的作用。吸附作用方式可分为物理吸附和化学吸附。物理吸附是由于分子间存在范德华力,它能发生多级吸附。根据能量最小原理得出固体总是优先选择能量最小一个能级范围内的分子吸附,接着进行下一能级的分子吸附。物理吸附是页岩的主要吸附方式,具有吸附时间短、普遍性、可逆性、无选择性。化学吸附作用是物理吸附作用的继续,当达到某一条件就可以发生化学键的形成和断裂。化学吸附所需的活化能比较大,所以在常温下吸附速度比较慢。页岩气的化学吸附具有吸附时间长、不连续性、不可逆性、有选择性。两者共同作用使页岩完成对天然气的吸附,但两者占主导优势的地位随聚集条件以及页岩和气体分子等的改变而发生变化。吸附作用开始很快,越来越慢,由于是表面作用,被吸附到的气体分子容易从页岩颗粒表面解析下来,进入溶解态或游离态,在吸附和解吸速度达到相等时,吸附达到动态平衡。

在天然气形成初期,主要由生物化学作用产生的天然气在范德华力的作用下就近吸附在有机质和黏土矿物表面。当达到某种特定条件下,有机质中原有的化学键和天然气分子的C—H键发生断裂,并形成新的化学键,使得天然气分子吸附在有机质内表面,这种吸附是不可逆的,该阶段为吸附气聚集阶段(Strapoc et al.,2010;Chalmers et al.,2008a,2008b;Ross et al.,2007)。

2. 溶解机理及溶解气聚集阶段

溶解作用是指天然气在一定的物理、化学条件下进入流体的过程。溶解作用可以分为间隙填充溶解及气体水合作用溶解。间隙填充是指在一定温压条件下，石油、沥青等液态烃类分子之间存在一定的间隙，天然气分子可以填充于这些间隙之中；气体水合作用是指天然气分子与水分子接触并发生相互作用结合或者分解，当结合速率与分解速率相等时其达到一个动态平衡。

当页岩中产生的天然气在吸附位上的吸附量达到饱和时，气源岩还连续不断地生气，天然气分子就会离开有机质进入页岩层流体中，填充在流体孔隙中或者与地层水发生水合作用保存下来，该阶段为溶解气聚集阶段。

3. 扩散机理及游离气聚集阶段

扩散作用是指由于页岩层系内部的非均质引起生气的差异，在分子热运动的影响下天然气分子由浓度高的位置运移到浓度相对较低的位置，直到页岩层系孔隙内天然气达到平衡为止。

当吸附、溶解均达到饱和时，页岩层中生成的天然气充填于其内部微孔隙和微裂缝中。当页岩层内部的储集空间被天然气占据而页岩层还继续生气时，聚集于页岩中的天然气量逐渐增加。随着天然气量的增加页岩内部压力不断地增大，当内压力超过地层负荷重量的外压力时，页岩体就会产生微裂隙，游离态天然气顺着微裂隙运移至页岩层系泥质粉砂岩、粉砂岩夹层中，页岩内压力瞬间释放造成的微裂隙闭合。页岩层中仍然有足够量的有机质生成天然气，生气量又开始增加，又会产生微裂缝供天然气运移出页岩层，连续不断重复以上过程使页岩层系内部充满天然气，该阶段为游离气聚集阶段。

第二节　国内外页岩气勘探开发现状

一、国外页岩气勘探开发现状

美国是页岩气商业性开发最早的国家，拥有世界领先的勘探开发技术，在开发上取得了丰富的成果。目前，美国在阿巴拉契亚盆地（Appalachian Basin）的俄亥俄（Ohio）页岩、密歇根盆地（Michigan Basin）的安特里姆（Antrim）页岩、福特沃斯盆地（Fort Worth Basin）的巴尼特（Barnett）页岩、伊利诺斯盆地（Illinois Basin）的新奥尔巴尼（New Albany）页岩和圣胡安盆地（San Juan Basin）的刘易斯（Lewis）页岩等页岩层系中（图1-1），已发现丰富的页岩气资源，进入了页岩气勘探开发的快速发展阶段。自2007年开始，美国页岩气呈现井喷式发展，生产井近42 000口，页岩气年产量450×10^8 m^3，占美国年天然气产量的9%；2009年美国页岩气产量接近876×10^8 m^3，超过我国常规天然气的年产量，页岩气快速勘探开发使美国天然气储量增加了40%（US Energy Information Administration，2011；徐国盛等，2011）；2013年美国页岩气总产量已超过2000×10^8 m^3，已占美国年天然气总产量的1/3；

2015 年可能达到约 3800×10^8 m³（图 1-2）。

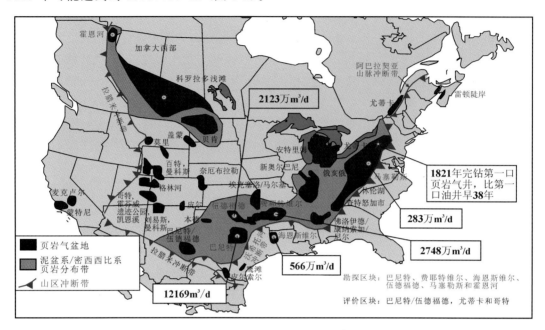

图 1-1 美国页岩气盆地（Holditch，2006）

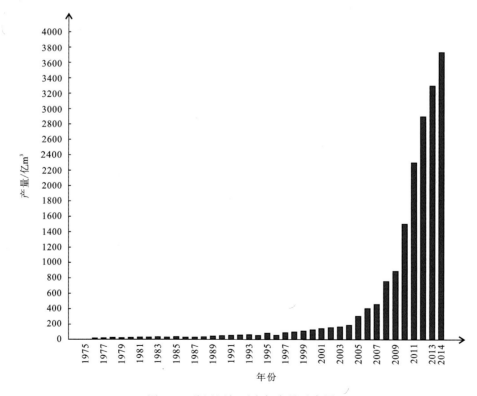

图 1-2 美国历年页岩气产量示意图

加拿大是另一个页岩气资源开发的重要国家,虽然实现了页岩气的商业开采,但仍处于初级阶段。2008 年,加拿大天然气产量已占据北美天然气市场将近 50% 的份额,其中页岩气的商业开采起到了重要的作用。在加拿大西部地区沉积盆地中三叠系蒙特尼(Montney)页岩、泥盆系马斯夸(Muskwa)页岩和科罗拉多(Colorado)页岩段页岩气潜力巨大,据统计其页岩气储量达到 $15.8 \times 10^{12} \sim 24.6 \times 10^{12}$ m³,其中 Montney 页岩和 Muskwa 页岩为加拿大页岩气的主要产层。另外,欧洲的英国、法国、德国、奥地利、波兰、匈牙利和瑞典等也在逐步开展页岩气勘探,根据调查统计可知欧洲的可开采页岩气达 11.3×10^{12} m³(Faraj et al.,2004;Milici,1993)。

二、国内页岩气勘探开发现状

中国是继美国和加拿大之后,正式开始页岩气资源勘探开发的国家。我国页岩气资源丰富,勘探开发潜力很大。据不完全统计,中国已在四川、鄂尔多斯、渤海湾、沁水、泌阳等盆地,云南昭通、贵州大方、四川建南、贵州铜仁等地区开展了页岩气钻探与水力压裂试气(董大忠等,2011;刘洪林等,2010;李建忠等,2009)。另外,四川盆地、云南昭通地区古生界海相页岩气取得突破,四川盆地、鄂尔多斯盆地陆相页岩气见到良好显示(图 1-3,图 1-4)。在"十二五"期间实施的《全国油气资源战略调查实施方案》中,页岩气已经被摆在了非常规油气调查的战略首选地位。工作目标为"在今后 10 年内对中国的页岩气进行全面系统的调查和评价、技术创新攻关、优选目标区和勘探基地、制定技术规范标准,力争在 2015 年全国页岩气产量达到 65×10^8 m³。"

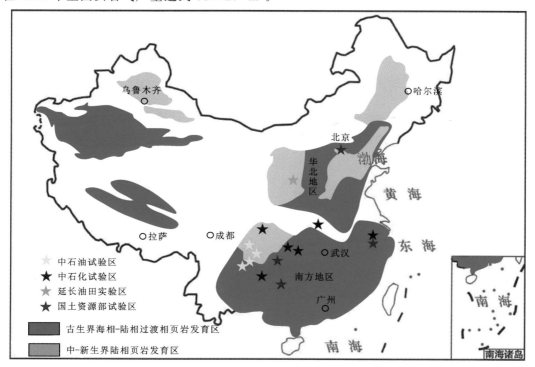

图 1-3　中国页岩气勘探形势图

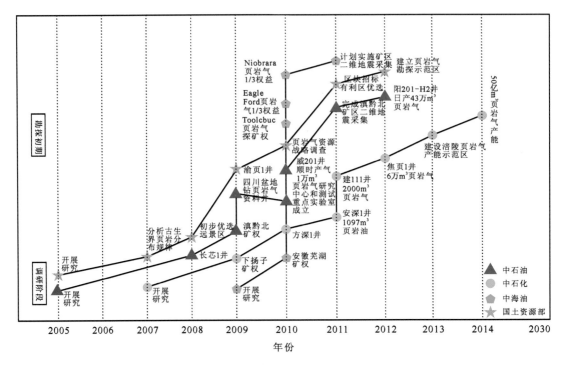

图 1-4　国内页岩气勘探进展示意图

1. 中石油和中石化在中国南方的勘探开发实践

中石化勘探南方分公司自 2001 年开始在川东南涪陵、綦江、綦江南等区块开展油气勘探工作。2006 年,针对林滩场、丁山、焦石坝等构造开展目标评价,从油气地质条件等方面对四川盆地东南缘下组合油气勘探进行了区带评价,明确了包括焦石坝、丁山、林滩场和良村等多个局部构造在内的震旦系—志留系油气有利勘探方向。随着页岩气勘探开发热潮在中国的兴起,2008 年,中石化首先从页岩气基础研究开始,开展了川东南地区与北美典型页岩气形成条件对比,常规油气探井的老井复查、复试和钻探评价工作,部分井获得了低产天然气流。2009 年,中石化与埃克森美孚、康菲等国际实力雄厚的公司开展页岩气勘探合作。2011 年,中石化勘探南方分公司论证并部署了第一口海相页岩气参数井——焦页 1HF 井,在 2012 年 11 月测试获得高产(郭旭升,2014;郭战峰等,2013,2008)。

2013 年 5 月,为贯彻落实国务院关于加快页岩气勘探开发工作的指示精神,中石化正式启动"涪陵大安寨页岩(油)气产能示范区"项目建设,拟作为中石化的首个页岩气产能建设项目。项目首选 60 km² 作为一期产能建设区,一期首批部署了 6 口评价井,由江汉油田、勘探南方分公司共同完成,其中汉江油田主要负责产能建设,勘探南方分公司主要负责勘探评价。

自焦页 HF-1 井在海相志留系龙马溪组获得高产页岩气后,这一重大的勘探突破使中石化认识到海相页岩地层真正的页岩气前景:岩性简单、有机碳含量(TOC)高、脆性矿物含量高等特点,并且高的 TOC 与高的脆性矿物含量形成良好匹配。由此,焦石坝地区已接替涪陵—大安寨成为中石化的重点区块。截至 2015 年 9 月底,以五峰组—龙马溪组为主力页岩气产层的焦石坝区块累计开钻 252 口井,气田已建成 40 亿 m³ 产能,累计产气 32 亿 m³。

中石油率先在蜀南威远开展页岩气开发试验,通过威 201 井、威 201-H1 和宁 201 井的钻探、压裂和试生产后,认为寒武系的筇竹寺组较志留系的龙马溪组具有好的页岩气前景。但随着先导性试验在富顺—永川、威远、长宁这三个区块的进一步展开,结果还是显示:志留系的龙马溪组较寒武系的筇竹寺组具有更好的页岩气开发前景(黄文明等,2011)。

2. 中国页岩气勘探开发存在的问题

从前述中石油和中石化在中国南方的勘探开发实践来看,并没有像美国那样从一开始就展现出顺利的希望来验证我们的期盼,而认识的迂回还需地质指导的技术突破。虽然四川盆地与美国伍德福德(Woodford)盆地具有大致相当的纬度,但中美之间的地质条件有着巨大差异(李世臻等,2010;张金川等,2008)。

(1)从大地构造背景来看,美国是花岗岩基底的克拉通地台,构造演化稳定,地层遭受破坏的程度低。而中国是变质岩基底,先后遭受了东西向太平洋板块、南北向印度洋板块和菲律宾板块从印支期到喜马拉雅期的多期挤压碰撞,构造形变剧烈,地层改造破坏严重。背斜顶部和向斜底部都是裂缝发育的地带,页岩气保存条件差,有利的地带仅限构造的翼部,呈条带状分布,勘探区带受限。

(2)从地层分布、演化和保存条件来看,美国的主要页岩气层为上古生代地层,部分为中生代地层,演化程度适中。而中国南方的勘探显示下古生界地层比上覆地层具有更好的前景,但热演化程度太高,已生成的油气不容易保存。再加上后期构造改造强烈,保存条件差,残存的气量就更有限了。

(3)尽管美国成功的开采经验可以借鉴,特别是在工程技术上,如威 201-H1 井分 11 段进行压裂,有效压裂体积达到了 4353.6 万 m³,但产气量却不是很高。这就意味着中国页岩气赋存条件比较复杂,经济有效的开采必须依赖于地质综合评价,需要确定页岩气"甜点"的分布。

区域地质背景 第二章

中上扬子地区西南以宝兴—荥经—昭觉—六盘水为界,西北以宝兴—广元—汉中为界,北部以汉中—襄樊—九江为界,东南以修水—岳阳—常德—吉首—贵阳为界。涉及滇、黔、川、渝、陕、鄂、湘和赣 8 个省市,包括东经 $102°\sim116°$,北纬 $26°\sim33°$ 的广大区域,面积约为 $50\times10^4\,km^2$(图 2-1)。中上扬子地区是我国大型的含油气叠合盆地发育区,沉积盖层发育齐全,研究区下震旦统陡山沱组到中三叠统主要为海相沉积,并以天然气丰富、碳酸盐岩沉积厚度大、裂缝型储层发育和高陡复杂构造为特色而闻名于世,具有多旋回、多层系、多烃源层、多产层、油气多期成藏的特点(陈洪德等,2009,2007)。

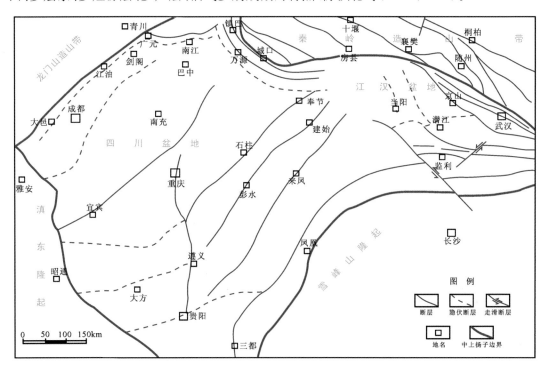

图 2-1 中上扬子地区构造位置图

第一节 区域构造特征

中上扬子地区经新元古代末晋宁运动由前震旦纪地槽型沉积转化为稳定的地台型沉积,进入了板块运动机制的克拉通盆地演化阶段,经历了加里东期、海西期、印支期、燕山期及喜马拉雅期等大的构造运动,其演化发展与中国大陆再造过程中特提斯洋的扩张、收缩演化阶段,以及相邻陆块之间的作用密切相关(陈玉明等,2013)。一直持续到中三叠世的晚印支运动造成古特提斯洋封闭、海水退出、构造反转以及前陆造山,从而结束了扬子克拉通盆地的发展演化阶段,进入了陆内造山与前陆盆地的新一轮盆地演化阶段(表2-1)。

表 2-1 中上扬子地区主要构造阶段及其特征(黄福喜等,2011)

地质时代			构造旋回	大地构造		主要地质事件
新生代	第四纪	Q	印支-燕山-喜马拉雅旋回	陆缘活动发展阶段		大规模隆升及盆地改造阶段
	新近纪	N				
	古近纪	E				断陷盆地发育阶段
中生代	白垩纪	K$_2$				前陆-裂陷盆地叠加阶段,陆相火山岩成带活动
		K$_1$				
	侏罗纪	J$_3$				陆内造山与前陆盆地发育阶段,形成第三个油气聚集区
		J$_{1-2}$				
	三叠纪	T$_3$				
		T$_{1-2}$	印支-海西旋回	板内活动发展阶段	汇聚造山-拉张	早期大陆裂谷进一步发展;晚期陆内汇聚开始,全区由海变陆,形成第三个油气聚集期
古生代	二叠纪	P$_3$			汇聚造山-拉张	发生大陆裂谷作用:南盘江盆地、赣湘桂裂谷盆地、勉略小洋盆等形成;晚期钦防海槽封闭
		P$_{1-2}$				
	石炭纪	C				
	泥盆纪	D				
	志留纪	S	加里东旋回	板内活动发展阶段	汇聚拼合阶段	扬子华夏板块汇聚,扬子克拉通上形成大隆大拗;前陆盆地发育阶段;志留末期形成第一个油气聚集带
	奥陶纪	O				
	寒武纪	€			拉张裂陷阶段	裂陷-被动大陆边缘盆地发育阶段
新中元古代	震旦纪	Z	晋宁晚期			
	南华纪	NH				
	长城纪—青白口纪		四堡-晋宁早期	板块俯冲碰撞		基底形成阶段

一、构造演化

中上扬子地区构造演化大致经历了如下三个不同的阶段。

1. 基底形成阶段

晋宁运动 I 幕,华南洋向扬子陆块的俯冲,在扬子陆块东南边缘形成增生的褶皱带和华夏古陆边缘的沟弧盆体系;880～850 Ma 前的晋宁 II 幕导致华夏与扬子之间的古华南洋在扬子陆块的东段消失,西段的华南残留洋盆延续到加里东期。晋宁运动后形成扬子地台基底,处于伸展构造背景,台缘裂陷槽与陆内裂堑发育,后造山期岩浆活动。

2. 地台发育阶段

距今10～8亿年的晋宁运动形成扬子地台基底,该区构造体制大转变的重要事件,即由地槽转化为地台。之后,自震旦纪至中三叠世,形成总厚度为6000～10 000 m以海相碳酸盐岩沉积为主的地台型沉积建造。

1) 加里东期

自晋宁运动区域陆壳变质基底形成以后,中上扬子地区为板块活动发展阶段,包括拉张裂陷阶段和汇聚拼合阶段,对应裂陷-被动大陆边缘盆地发育阶段和扬子克拉通上形成大隆大拗、前陆盆地发育阶段。加里东期发生的构造运动主要有桐湾运动、兴凯运动、郁南运动和都匀运动(北流运动)等。其中:①震旦纪末的桐湾运动,对扬子西部影响较大,造成四川盆地西部发生隆升,并形成了乐山-龙女寺、龙门山、汉南-大巴山、雪峰和黔中的古隆起的雏形;②早寒武世末期的兴凯运动对扬子地区影响不大,表现为隆升性质;③寒武纪末期的郁南运动,同样影响不显著,以隆升作用为主,造成局部不整合;④奥陶纪末期的都匀运动相对较强烈,活动性西强东弱、边缘强内部弱,乐山-龙女寺隆起隆升较早且强烈,汉南-大巴山隆起继承性发育,随后雪峰隆起和黔中隆起大幅隆升,从而由西高东低演变成为东南缘隆升的格局;⑤志留纪末期的广西运动,在前期的构造格局背景下,以隆升作用为主,造成全区主体隆升,成为统一的华南隆起。

总之,加里东期的构造特征受古亚洲洋和原特提斯洋各分支俯冲、中国各陆块第一次经扩张后集合与碰撞作用的影响,而扬子陆块北缘主要响应于原特提斯洋向北俯冲,形成弧后扩张带;南缘响应于古华南洋向北俯冲消减,湘桂以挠曲盆地形式与扬子大陆边缘呈超覆关系。

2) 海西-印支期

海西-印支期为板内活动发展阶段,包括汇聚-拉张与汇聚造山-拉张两个大地构造阶段。其中,汇聚-拉张阶段,发生大陆裂谷作用,形成南盘江盆地、湘桂赣裂陷盆地、勉略小洋盆等;而汇聚造山-拉张阶段早期大陆裂谷进一步发展,晚期陆内汇聚开始,全区由海变陆。海西-印支期,在广西运动形成的构造背景下,进一步发展的构造运动有紫云运动、云南运动(川鄂运动)、黔桂运动、东吴运动和印支运动Ⅰ幕等。其中:①广西运动(志留纪末)对整个中上扬子区后期的发展演化产生了深刻影响,主体隆升相对稳定、边缘裂陷相对活动的构造格局一直持续到早二叠世晚期;②早海西期(D-C),扬子地台大部持续隆升为陆,台缘(龙门山前地区)急剧裂陷,接受巨厚的稳定型-过渡型沉积。发生在该时期的紫云运动(泥盆纪末),在川鄂地区活动明显,造成石炭纪与泥盆纪的间断不整合或超覆;③云南运动(川鄂运动)在早石炭世末期造成晚石炭世与早石炭世的间断不整合,形成武当隆起,石炭纪末期的黔桂运动,以升降运动为主,造成间断不整合;④东吴运动(P_2末期),二叠纪早、中期构造环境相对稳定,发育碳酸盐大缓坡,晚期强烈拉伸,中二叠世末期的"峨眉地裂运动"使古特提斯洋打开,峨眉热地幔柱隆升,卧龙攀西裂谷晚二叠世早期大规模玄武岩浆喷溢活动,形成晚二叠世与中二叠世的侵蚀间断,华南隆升成剥蚀区;⑤早印支期(T_1-T_2),松潘-甘孜海槽弧后拉伸、沉陷、发育欠补偿活动型沉积,台缘滩岛环列,台内为上扬子蒸发海稳定型沉积。

总之,海西—印支期,扬子陆块的构造特征受古特提斯洋扩张与收缩封闭作用的影响：①石炭纪在扬子南北缘扩张形成两个东西向分支洋盆；②晚二叠世北缘的勉略洋向华北俯冲，南面的粤海洋由东向西、向南俯冲，而古特提斯洋由西、南向北俯冲消减的影响；③中三叠世继承了前期的构造背景，整体表现为俯冲碰撞作用，华南周边形成前陆盆地和前渊盆地，陆内有雪峰山、大巴山和江南造山带以及相应的前陆隆起区。即受北缘的勉略洋向北与华北碰撞，南面的粤海洋向南俯冲，西缘的甘孜-理塘小洋盆由东向西俯冲作用影响。

3. 后地台改造阶段

在晚印支期的安源运动，使得研究区发生了一次重大变革。即古特提斯洋封闭：北部华南与华北碰撞聚合为一体，南部华南与三江地区为统一的浅海域，龙门山台缘拗陷回返，构造反转、造山成盆，川西晚三叠世须家河期的前陆盆地形成、演化，使全区结束海相沉积，进入了中国板块形成演化的新阶段。随后相继发生的燕山-喜马拉雅运动，对早期地台沉积有不同程度的改造。从时间上看，燕山早、中期各幕运动对先期构造的改造方式，主要表现为挤压或压扭性的形变特征，燕山晚期至喜马拉雅运动对先期构造的改造，则以张扭性形变为主。

综上所述，中上扬子地区震旦纪至中三叠世，经历了多阶段构造演化、多期构造运动改造、多类型盆地叠合、多旋回沉积充填的突出特征。

二、盆地类型演化

根据板块构造位置可将克拉通盆地分为克拉通内部盆地和克拉通边缘盆地。其中，克拉通内部盆地进一步划分为克拉通内裂陷盆地、拗陷盆地、继承发育型盆地（弱改造）、隆升改造型盆地（强改造）；克拉通边缘盆地进一步划分为克拉通边缘裂谷盆地、边缘裂陷盆地、被动大陆边缘盆地、边缘前陆盆地、类前陆盆地和边缘拉分盆地等（表 2-2）。

表 2-2　克拉通次级单元划分（黄福喜等，2011）

依据	I 级	II 级	
	板块构造位置	构造作用和动力学因素（挤压、伸展、走滑）	
单元类型	克拉通内部盆地	伸展	克拉通内裂陷盆地
			克拉通内拗陷盆地
		挤压	克拉通内继承发育（拗陷）型盆地
			克拉通内隆升改造盆地
	克拉通边缘盆地	压扭	克拉通内走滑盆地
			克拉通边缘拉分盆地
		伸展	克拉通边缘裂谷盆地
			克拉通边缘裂陷盆地
			被动大陆边缘盆地
		挤压	克拉通边缘周缘盆地
			克拉通边缘前陆盆地
			克拉通边缘弧后盆地

　　中上扬子地区震旦纪至中三叠世主要发育在相对稳定的扬子陆块上,盆地类型以克拉通和克拉通边缘有关的盆地类型为主,盆地类型及其时空演化和展布存在差异性,即相同时期不同地区,以及相同地区不同时期的盆地类型及其展布存在差异性(图2-2)。

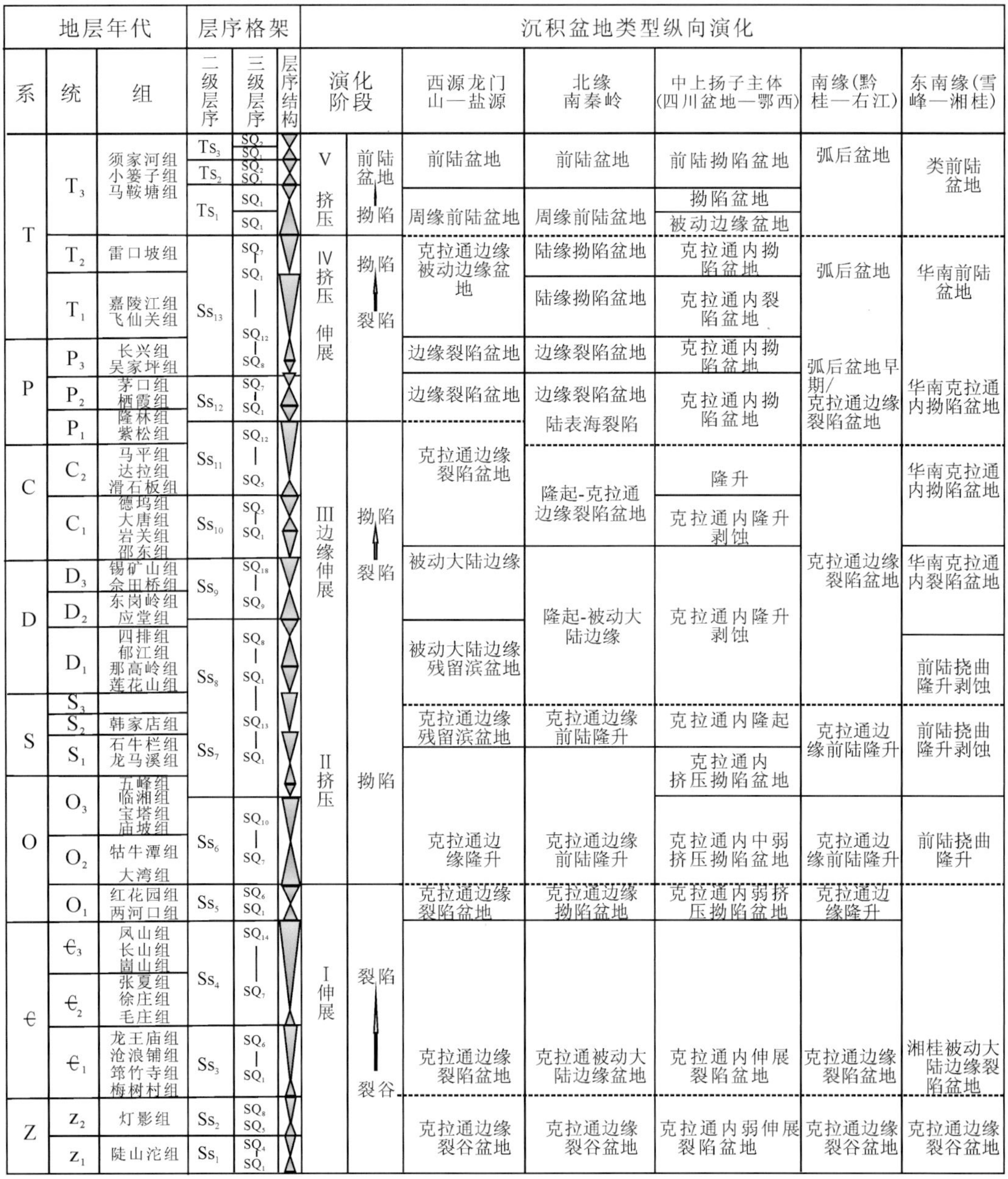

地层年代 系	统	组	层序格架 二级层序	三级层序	层序结构	演化阶段	沉积盆地类型纵向演化 西源龙门山—盐源	北缘南秦岭	中上扬子主体(四川盆地—鄂西)	南缘(黔桂—右江)	东南缘(雪峰—湘桂)
T	T₃	须家河组	Ts₃	SQ₄		V 挤压 前陆盆地	前陆盆地	前陆盆地	前陆拗陷盆地	弧后盆地	类前陆盆地
		小篓子组	Ts₂	SQ₃ SQ₂					拗陷盆地		
		马鞍塘组	Ts₁	SQ₁		拗陷	周缘前陆盆地	周缘前陆盆地	被动边缘盆地		
	T₂	雷口坡组	Ss₁₃	SQ₂ SQ₁		IV 挤压 伸展 拗陷	克拉通边缘被动边缘盆地	陆缘拗陷盆地	克拉通内拗陷盆地	弧后盆地	华南前陆盆地
	T₁	嘉陵江组 飞仙关组		SQ₁₂ SQ₈		裂陷		陆缘拗陷盆地	克拉通内裂陷盆地		
P	P₃	长兴组 吴家坪组		SQ₉ SQ₈			边缘裂陷盆地	边缘裂陷盆地	克拉通内拗陷盆地	弧后盆地早期/克拉通边缘裂陷盆地	华南克拉通内拗陷盆地
	P₂	茅口组 栖霞组 隆林组	Ss₁₂	SQ₉ SQ₈			边缘裂陷盆地	边缘裂陷盆地 陆表海裂陷	克拉通内拗陷盆地		
	P₁	紫松组		SQ₁₂					克拉通内拗陷盆地		
C	C₂	马平组 达拉组 滑石板组	Ss₁₁	SQ₃ SQ₁		III 边缘 伸展 拗陷	克拉通边缘裂陷盆地	隆起-克拉通边缘裂陷盆地	隆升	克拉通边缘裂陷盆地	华南克拉通内拗陷盆地
	C₁	德坞组 大唐组 岩关组 邵东组	Ss₁₀	SQ₃ SQ₁		裂陷			克拉通内隆升剥蚀		
D	D₃	锡矿山组 佘田桥组	Ss₉	SQ₁₈ SQ₉			被动大陆边缘	隆起-被动大陆边缘	克拉通内隆升剥蚀	克拉通边缘裂陷盆地	华南克拉通内裂陷盆地
	D₂	东岗岭组 应堂组		SQ₈ SQ₁			被动大陆边缘残留滨盆地				
	D₁	四排组 郁江组 那高岭组 莲花山组	Ss₈	SQ₈ SQ₁							前陆挠曲隆升剥蚀
S	S₃						克拉通边缘残留滨盆地	克拉通边缘前陆隆升	克拉通内隆起	克拉通边缘前陆隆升	前陆挠曲隆升剥蚀
	S₂	韩家店组	Ss₇	SQ₁₃ SQ₁							
	S₁	石牛栏组 龙马溪组				II 挤压 拗陷			克拉通内挤压拗陷盆地		
O	O₃	五峰组 临湘组 宝塔组 庙坡组	Ss₆	SQ₁₀ SQ₂			克拉通边缘隆升	克拉通边缘前陆隆升	克拉通内中弱挤压拗陷盆地	克拉通边缘前陆隆升	前陆挠曲隆升
	O₂	牯牛潭组 大湾组									
	O₁	红花园组 两河口组	Ss₅	SQ₆ SQ₁			克拉通边缘裂陷盆地	克拉通边缘拗陷盆地	克拉通内弱挤压拗陷盆地	克拉通边缘隆升	
€	€₃	凤山组 长山组 崮山组	Ss₄	SQ₁₄ SQ₇		I 伸展 裂陷	克拉通边缘裂陷盆地	克拉通边缘被动大陆边缘盆地	克拉通内伸展裂陷盆地	克拉通边缘裂陷盆地	湘桂被动大陆边缘裂陷盆地
	€₂	张夏组 徐庄组 毛庄组									
	€₁	龙王庙组 沧浪铺组 筇竹寺组 梅树村组	Ss₃	SQ₆ SQ₁		裂谷					
Z	Z₂	灯影组	Ss₂	SQ₆ SQ₃			克拉通边缘裂谷盆地	克拉通边缘裂谷盆地	克拉通内弱伸展裂陷盆地	克拉通边缘裂陷盆地	克拉通边缘裂陷盆地
	Z₁	陡山沱组	Ss₁	SQ₄ SQ₁							

图2-2　中上扬子地区克拉通盆地类型、分布及其演化阶段(黄福喜等,2011)

　　基于不同时期盆地性质与特征的差异性,把中上扬子震旦纪—中三叠世克拉通演化过程划分为四个阶段:第 I 阶段,震旦纪—早奥陶世早期,处于拉张环境,具有从早期的裂谷盆地演化为裂陷盆地的特征,沉积建造以碳酸盐岩为主,剖面结构由两个碳酸盐岩逐渐增多的大旋回构成(震旦纪和寒武纪)。第 II 阶段,早奥陶世晚期—志留纪,处于挤压应力环境,盆地性质为克拉通内继承性挤压拗陷型盆地,克拉通边缘普遍挤压隆升,整体为受隆起分割围限的盆地格局,沉积建造以碎屑岩和混积型沉积为主,剖面结构具有碳酸盐岩减少、碎屑岩增多的趋势。第 III 阶段,泥盆纪—石炭纪或早二叠世早期,在加里东运动后造成中上扬子整体隆升的背景下,克拉通边缘处于伸展拉张环境,盆地性质以克拉通边缘裂陷盆地为主,沉积建造受地区性构造特征控制,以碳酸盐岩型和混积型沉积为主,剖面结构具有向上碳酸盐岩增多的趋势。第 IV 阶段,二叠纪—中三叠世,应力环境由东吴运动的拉张环境转变为印支期的挤压环境,盆地性质与演化分异明显,以碳酸盐岩建造为主。晚三叠世开始,受印支运动影响,海水退出中上扬子地区,处于区域挤压环境,盆地性质与演化发生了强烈变化,具有前陆盆地性质及其沉积充填特征,从而开启了中上扬子地区新的盆地演化历史(李思田,2015,2006;林畅松,2009)。

第二节　地层划分与对比

　　地层划分与对比是岩相古地理分析、页岩气研究等工作的重要基础。中上扬子地区在区域构造背景下,沉积地层整体表现为与构造旋回相对应的两大旋回性特征,即震旦纪—中三叠世的沉积建造旋回以海相碳酸盐岩沉积为主,晚三叠世—始新世的沉积建造旋回以陆相碎屑岩沉积为主。由于研究区震旦纪—中三叠世沉积的原型盆地受后期多期构造运动影响,发生了强烈的构造变形和剥蚀等改造作用,盆地范围和面貌已大为改观。研究区共有六套海相页岩层系,自下而上依次为下震旦统陡山沱组、上震旦统灯影组(横向相变)、下寒武统牛蹄塘组—天河板组、上奥陶统五峰组—下志留统龙马溪组、下二叠统梁山组和上二叠统吴家坪组/大隆组,其中下震旦统陡山沱组、下寒武系统牛蹄塘组、上奥陶统五峰组—下志留统龙马溪组在研究区内分布稳定(表 2-3)。

一、震旦系地层划分和对比

　　震旦系是指沉积于晋宁运动所形成的不整合面之上,寒武系之下的一套岩石组合,其年龄时限为 $800\pm30\sim570\pm20$ Ma。震旦纪生物化石稀少,地理分布极不平衡,岩性、岩相变化大,从而造成地层划分上的多样性和区域上的对比困难。根据前人研究成果,运用岩石地层、生物地层、年代地层,再结合沉积相展布,层序地层划分与对比等方法对中上扬子地区震旦系地层进行了划分与对比(表 2-4)。

表 2-3　中上扬子地区及邻区地层系统划分一览表

界	系	统	阶（中国南方）	阶（中扬子）	界限年龄/Ma	区域厚度/m	构造阶段
中生界	三叠系	中统	拉丁阶	巴东阶	230	1200~2600	印支构造阶段
			安尼阶				
		下统	斯派斯阶	嘉陵江阶	240		
			纳巴里阶				
			格里斯巴赫阶	大冶阶	247		
上古生界	二叠系	上统	长兴阶	大隆阶	251	300~830	东吴运动
			吴家坪阶	吴家坪阶	253		
		中统	茅口阶	茅口阶	257		云南运动
			栖霞阶	栖霞阶	272		
		下统	隆林阶				
			紫松阶				
	石炭系	上统	马平阶	船山阶	295	0~90	海西构造阶段
			达拉阶	黄龙阶	302		
			滑石板阶				
		下统	德坞阶	和州阶	323		
			大塘街阶	高骊山阶	332		
			岩关阶	金陵阶	345		
			邵东阶	长阳阶	355		
	泥盆系	上统	锡矿山阶	写经寺阶	359	0~160	
			佘田阶	黄家蹬阶	365		
		中统	东岗岭阶	云台观阶	375		
			应堂阶				
		下统	四排阶				
			郁江阶				
			那高岭阶				广西运动
			莲花山阶				
下古生界	志留系	上统			408	1200~2100	加里东构造运动
		中统	韩家店阶	纱帽阶			
		下统	石牛栏阶	罗惹坪阶			
			龙马溪阶	龙马溪阶			
	奥陶系	上统	五峰阶	五峰阶	435	280~580	
			临湘阶	临湘阶	440		
			宝塔阶	宝塔阶	445		
			庙坡阶	庙坡阶	453		
		中统	牯牛潭阶	牯牛潭阶	460		
			大湾阶	大湾阶	468		
		下统	红花园阶	红花园阶—分乡阶	476		
			两河口阶	南津关阶			
				西陵峡阶			
	寒武系	上统	凤山阶	三游洞阶	495	1170~3110	
			长山阶				
			崮山阶				
		中统	张夏阶	覃家庙阶	510		
			徐庄阶				
			毛庄阶				
		下统	龙王庙阶	石龙洞阶	518		
			沧浪铺阶	天河板阶—石牌阶	521		
			筇竹寺阶	水井沱阶	525		铜湾运动
			梅树村阶				
上元古界	震旦系	上统	灯影阶	灯影阶	549	150~1200	
		下统	陡山沱阶	陡山沱阶	630		
					680		

表 2-4　中上扬子地区震旦系与邻区地层划分对比表

地层系统		四川	滇东	鄂西	湘西北
寒武系(∈)	下统(∈₁)	—	—	—	—
震旦系 (Z)	上统(Z₂)	灯影组	灯影组	灯影组	留茶坡组 / 老堡组
	下统(Z₁)	观音崖组	喇叭岗组	陡山沱组	陡山沱组
下伏地层		列古六组	南沱组	南沱组	南沱组

中上扬子地区震旦纪地层划分通常以湖北宜昌剖面为代表,主要依据气候的转变,结合盆地性质不同,以及层序界面性质,将震旦系划分为上、下两统。下统为陡山沱组(Z_1d),上统为灯影组(Z_2d)。下统根据海平面升降旋回,在海平面上升早期,以含磷质沉积为主体划归为陡山沱组,陡山沱组为一套含泥砂质成分的灰色、褐灰色、深灰色白云岩,普遍含磷块岩层,与下伏南沱组冰碛层呈不整合关系,顶部由一层碳质页岩与上覆灯影组分界,所含微古化石主要为刺球藻和宏观藻,并开始出现蠕形动物。灯影组主要由不同颜色的白云岩组成,夹黑色页岩及磷块岩,并可分为三个岩性段,顶部与牛蹄塘组为平行不整合关系。由于灯影组上部普遍发现小壳类化石组合,年代地层应该属下寒武统梅树村阶,滇东、川中称为梅树村组、麦地坪组,黔东称为天柱山组,因此灯影组实为穿时地层。滇东川中的陡山沱组地层以紫红色、灰黄色砂质页岩为主,夹碳酸盐岩,底部常为含砾石英岩或细砾岩,为近物源区产物,称为观音岩组(李忠雄等,2004;朱忠德等,1995)。

二、寒武系地层划分和对比

中上扬子地区寒武系发育齐全,主要为一套以浅海碳酸盐岩及泥质岩为主的沉积,鄂西北地区有火山碎屑岩并经较轻微变质,总厚度为 400～3000 m。寒武系化石丰富,能建立对应的生物地层及赋予时间概念的化石(组合)带,因而具有较为理想的地层划分对比和等时面。在中上扬子地区习惯地以大套白云岩结束,出现黑色碳质页岩或出现硅质灰岩、泥质条带灰岩作为划分震旦系与寒武系的依据。根据区域地层研究成果,寒武系划分为上、中、下三统,下统包括梅树村阶、筇竹寺阶、沧浪铺阶、龙王庙阶(表 2-5)。

梅树村阶相应地层有梅树村组、麦地坪组和天柱山组等,主要由含磷的碳酸盐类岩石组成,含大量的小壳类化石。筇竹寺阶、沧浪铺阶、龙王庙阶相对应的地层可以区分为滇东、川中的筇竹寺组、沧浪铺组、龙王庙组,黔东、川东、湘西的牛蹄塘组、明心寺组、金顶山组和清虚洞组,宜昌地区的水井沱组、石牌组、天河板组、石龙洞组。其中,牛蹄塘组为一套深水黑色页岩系,厚度数十米至百余米,在贵州中部的织金一带为一套含磷岩系;牛蹄塘组底部的深水相灰黑色页岩、碳质页岩直接覆盖在灯影组白云岩之上,形成一个以快速加深为特征的淹没不整合面,而且代表了一个沉积相带空间分异不明显的"相的持续性现

表 2-5　中上扬子地区与邻区寒武系地层划分对比表

地层		四川		滇东	鄂西		湘西北	
上覆地层		桐梓组			西陵峡组		南津关组	
上寒武统（€$_3$）	凤山阶	娄山关群	毛田组		三游洞组	雾渡河组	江坪组	追屯组
	长山阶		后坝组					比条组
	崮山阶							车夫组
中寒武统（€$_2$）	张夏阶	石冷水组	平井组	双龙潭组	覃家庙组	新坪组	孔王溪组	花桥组
	徐庄阶					官山埫组		
	毛庄阶	高台组		陡坡寺组		磙膝包组	高台组	敖溪组
下寒武统（€$_1$）	龙王庙阶	清虚洞组		龙王庙组	石龙洞组		清虚洞组	
	沧浪铺阶	金顶山组		沧浪铺组	天河板组		杷榔组	
					石牌组			
	筇竹寺阶	明心寺组		筇竹寺组	水井沱组		木昌组	
		牛蹄塘组			天柱山段			
	梅树村阶	留茶坡组		梅树村组	白马沱段		留茶坡组	
上震旦统	灯影阶	灯影组		灯影组	灯影组		灯影组	

象"。明心寺组和金顶山组总体上为一套砂、页岩系，明心寺组顶部以及金顶山组上部的滨岸相砂岩层代表了两次沉积水体变浅。滇东、川中小区砂岩、粉砂岩较多，而碳质页岩较少，向东至黔东、湘西地区，碳质页岩明显增厚，粗碎屑组分明显减少。

滇东、川西中寒武统包括陡坡寺组、西王庙组，陡坡寺组以灰绿色砂岩、粉砂岩为主，夹少量泥质白云岩或瘤状灰岩，西王庙组以紫红色粉砂岩、页岩为主，夹细砂岩、白云岩、灰岩及石膏层。黔东、川东及湘西北地区中寒武统包括高台组、石冷水组，由黄绿色砂质页岩、粉砂岩、钙质页岩及灰色薄层灰岩、泥灰岩组成。鄂西、鄂东地区中寒武统为覃家庙组，主要为薄层状的白云岩、泥质白云岩夹少量砂泥岩。

滇东、川西、湘西等地区上寒武统为娄山关组，主要由浅色厚层状白云岩、泥质白云岩夹角砾状白云岩等组成，鄂西地区上寒武统为三游洞组，岩性主要为中-厚层状白云岩、泥质白云岩（李忠雄等，2004；朱忠德等，1995）。

三、奥陶系地层划分和对比

中上扬子地区的奥陶系以稳定型泥质岩-碳酸盐岩沉积为主。在鄂东地区为过渡类型的类复理石碳酸盐岩-泥质岩沉积，生物化石丰富多样。结合层序地层划分与对比等方法对中上扬子地区奥陶系地层进行了划分与对比（表2-6）。

表 2-6 中上扬子地区与邻区奥陶系—志留系地层划分对比表

地层划分			四川	黔东	鄂西	湘西北
上覆地层			D_2	D_2	D_2	D_2
志留系(S)	上统(S₃)	王龙寺阶				
		妙高阶				
	中统(S₂)	关底阶	回星哨组	回星哨组		回星哨组
		秀山阶	秀山组	秀山组	纱帽组	秀山组
	下统(S₁)	白沙阶	溶溪组	白沙组	罗惹坪组	溶溪组
		石牛栏阶	小河坝组	石牛栏组		小河坝组
		龙马溪阶	龙马溪组			
奥陶系(O)	上统(O₃)	五峰阶	五峰组	五峰组	五峰组	五峰组
		临湘阶	涧草沟组	涧草沟组	临湘组	涧草沟组
		宝塔阶	宝塔组	宝塔组	宝塔组	宝塔组
		庙坡阶	十字铺组	十字铺组	庙坡组	牯牛潭组
	中统(O₂)	牯牛潭阶	牯牛潭组	牯牛潭组	牯牛潭组	
		大湾阶	湄潭组	湄潭组	大湾组	大湾组
	下统(O₁)	红花园阶	红花园组	红花园组	红花园组	红花园组
		分乡阶	桐梓组	桐梓组	分乡组	分乡组
		南津关阶			南津关组	南津关组
		西陵峡阶				西陵峡组
下伏地层			娄山关组	娄山关组		娄山关组

在滇东、川中地区,自下而上为红石崖组、巧家组和大箐组,底部与上寒武统呈平行不整合关系。红石崖组为紫红色、灰绿色的砂岩、粉砂岩、页岩互层,巧家组为灰绿色、灰白色砂页岩夹灰岩和白云岩,常夹赤铁矿层或铁质页岩。大箐组由灰岩和白云岩组成,上部可能包括志留纪早期地层。黔、川、鄂、湘地区自下而上为桐梓组、红花园组、湄潭组、牯牛潭组、十字铺组、宝塔组、临湘组和五峰组。桐梓组为灰色中厚层白云岩、生物碎屑灰岩,夹砾屑、鲕粒灰岩或白云岩,含燧石条带或者团块,顶、底部常夹灰绿色页岩、钙质页岩;湘西的南津关组,层位、岩性均与之相似,底部未见页岩。红花园组为灰色、深灰色中-厚层状生物屑灰岩、泥质条带生物屑灰岩互层,夹燧石结核或条带,富含头足、三叶虫、腕足化石;湄潭组主要见于滇东北、川中及黔中地区,以灰绿色、黄绿色的页岩、砂质页岩为主,夹泥质灰岩及薄层砂岩,中部常夹多层瘤状灰岩,富含笔石、三叶虫、腕足类化石。其余地区的同期地层为大湾组,为一套富含化石的灰绿色、黄绿色、紫红色中薄层瘤状泥质灰岩,夹灰绿色页岩或呈互层状。十字铺组由灰色、黄灰色、灰绿色的砂质页岩、钙质页岩、页岩、泥灰岩、泥质灰岩组成,底部为厚层灰岩,向上泥质增多,富含笔石、三叶虫、腕足、头足类化石,主要分布于滇、黔、川地区。鄂、湘的同期地层称为牯牛潭组,由青灰色、紫灰色薄-

中厚层灰岩与瘤状泥质灰岩互层组成,夹少量页岩层,富含头足、腕足类化石。宝塔组由紫灰色龟裂纹灰岩及灰绿色瘤状泥质灰岩组成,顶部偶夹黄绿色页岩,底部在鄂西地区夹数米厚的页岩、硅质页岩夹薄层灰岩。富含头足类以及三叶虫、腕足、牙形石类化石。

　　临湘组总体上分布范围比宝塔组灰岩小,而且为特别的细粒混合沉积,代表局限海域中碳酸盐沉积物形成速率和沉积速率相对较低、陆源沉积物供应又相对不充分的背景下的产物。五峰组碳酸盐生产速率几乎降低至零,在中上扬子局限海域中形成海退背景下的缺氧事件沉积——五峰组黑色页岩,其中笔石较为发育(胡明毅等,1993)。

四、志留系地层划分和对比

　　志留系在中上扬子地区分布广泛,为一套以泥质岩为主的沉积。研究区奥陶系地层划分与对比见表 2-6。滇东、川中跨系在大箐组之上与黄葛溪组呈平行不整合接触关系。大箐组岩性主要为灰色厚层灰岩、瘤状泥质灰岩夹粉砂岩、页岩,含有笔石、三叶虫、珊瑚、腕足类化石。黄葛溪组岩性主要为紫红色、灰绿色、灰色的细砂岩、粉砂岩、页岩夹灰岩、泥质灰岩,含有腕足、三叶虫、珊瑚等化石。

　　黔东北、川西、湘西、鄂中地区,志留系主要归为兰多弗里统,可以分布到文洛克世的中期,龙马溪组由底部含有大量笔石的黑色页岩、硅质页岩夹不稳定灰岩透镜体组成。局部地区上覆新滩组为黄绿色页岩、砂质页岩夹薄层粉砂岩,亦含大量笔石化石。松坎组为灰色、深灰色薄层钙质泥岩与泥质灰岩、泥灰岩互层。石牛栏组为深灰色中厚层生物屑灰岩、瘤状泥质灰岩、泥质条带灰岩夹钙质泥岩,富含珊瑚、腕足、三叶虫等化石。

　　滇东、川中中志留统还发育大路寨组和蔡地湾组,其中大路寨组由黄绿色、灰绿色的钙质页岩、粉砂质页岩及泥质条带灰岩、瘤状灰岩等组成,含有三叶虫、头足类、笔石、珊瑚、腕足等;蔡地湾组以紫红色、黄绿色、灰绿色的页岩、泥质粉砂岩为主,夹少量薄层泥质灰岩及砂岩,含少量腕足、珊瑚、头足、牙形石等化石,底部为砾岩层与沧浪铺组砂质页岩呈平行不整合接触。黔东北、川西、湘西地区中志留统包括韩家店群和回星哨组。韩家店群分为三个组,下部马脚冲组由黄绿色、灰绿色页岩组成,含大量的腕足、三叶虫、头足类等化石;中部溶溪组由紫红色、灰绿色的泥岩、粉砂质泥岩夹粉砂岩组成,富含浅海底栖生物;上部秀山组由黄绿色、灰绿色的页岩、粉砂质泥页岩夹薄层或透镜状生物碎屑灰岩组成,含有大量三叶虫、头足类化石。回星哨组主要由砂岩、页岩组成。鄂西中志留统主要为纱帽组,岩性主要为黄绿色、紫红色砂岩夹灰绿色页岩,且含有珊瑚、腕足、头足、笔石等。

　　上志留统包括妙高组和玉龙寺组等,滇东、川中妙高组以灰色、深灰色薄层状瘤状灰岩为主,间夹黄绿色页岩和泥质粉砂岩,富含头足类、牙形石等化石;玉龙寺组主要由灰色、灰黑色页岩夹灰岩、砂岩组成,含有头足类、三叶虫、珊瑚、腕足等化石。在黔、湘、鄂大部分地区上志留统不发育(陈波等,2009;胡明毅等,1998)。

第三节　区域沉积演化

中上扬子地区经晋宁运动后由前震旦纪地槽型沉积转化为稳定的地台型沉积,南沱期以后的早震旦世陡山沱期,随着古气候的转暖,冰川融化,海平面上升,沉积一套黑色的粉砂质碳质页岩,且广泛分布于研究区;早寒武世水井沱期,相对海平面上升,研究区为西北高东南低的混积型缓坡沉积,以陆源碎屑岩沉积为主,在鄂中碳酸盐岩较发育;在晚奥陶世五峰期,海平面的快速上升,形成了笔石页岩的凝缩段沉积,属于深海事件沉积,到晚奥陶世末地壳一度短暂隆升,造成一些地方的观音桥组遭受剥蚀;在早志留世龙马溪期,继承了五峰期的特征,整个志留系自下而上为一变浅序列,由盆地相-陆棚相-滨海相的陆源碎屑组成,中上扬子地区总体属浅海陆架盆地类型(He et al.,2014;胡明毅等,2012;Hu et al.,2012;Hu,1999)。

早震旦世沉积期为南沱冰期之后,古气候由严寒转为温暖的冰消阶段,海水由周边各方向侵入中上扬子克拉通盆地,形成广海型的海侵碎屑岩沉积。古地理格架为北西高南东低。西部有前寒武纪组成的康滇古陆呈南北向狭长条带,东北部为碳酸盐台地相,向南东依次为滨海区、浅海区、深海区。

晚震旦世灯影期岩相古地理继承了陡山沱期的主要特点,该期的中上扬子克拉通盆地,边缘的古陆和岛屿大多已被夷平。随着海平面的进一步上升,泸定古陆已被海水淹没,滇中古陆虽然仍露出海面,但已不能向盆地提供陆源物质。因此灯影期古地形、古气候、古生态等都发生了显著的变化,四川、滇东、黔中及黔西北等地发展成一个广阔的台地。海侵期岩相组合主要为藻白云岩、鲕粒白云岩、砾屑砂屑白云岩、微晶白云岩等。中上扬子地区古地理环境可划分为碳酸盐潮坪相区、台地相区、浅滩相区和台地边缘相区。

早寒武世牛蹄塘期,随着海平面的上升,在中上扬子地区造成缺氧环境,主要在上扬子地区沉积了内陆架灰黑色粉砂岩、砂质页岩夹细砂岩为主的浅色碎屑岩系,在中扬子地区沉积了外陆架黑色含碳质页岩为主夹少量粉砂岩、粉砂质页岩的黑色碎屑岩系。在牛蹄塘期江汉平原区主要为碳酸盐缓坡相,以灰色-深灰色泥-微晶灰岩沉积为主;湘鄂西区及鄂东区远离物源,主要为碎屑岩深水陆棚相,以深灰色-灰黑色泥页岩沉积为主。中上扬子地区古地理环境可划分为碳酸盐潮坪相区、台地相区和斜坡相区。

中晚寒武世中上扬子地区组建碳酸盐岩大台地,与早寒武世龙王庙期有明显的沉积间断,上覆以碳酸盐岩沉积为主。中上扬子地区古地理环境可划分为潮坪-局限台地相区、碳酸盐台地区、碳酸盐台地边缘相区、浅海陆架-斜坡相区。

早奥陶世中上扬子地区的上扬子克拉通盆地为被动大陆边缘和碳酸盐台地,但台地边缘斜坡相不如中晚寒武世发育。中上扬子地区古地理环境可划分为滨海-潮坪相区、局限台地相区、台地边缘浅滩相区及台地前缘斜坡相区。

中晚奥陶世由于受到都匀运动的影响,中上扬子地区地理格局发生了较大的变化,其古地理环境总体上可以划分为滨海-潮坪相区、局限台地相区和台地前缘斜坡相区。

　　早志留世中上扬子地区主要为滨浅海相带,岩相展布沿着黔中和武陵—雪峰古隆起带自西向东、自南向北呈现由粗—细、由浅—深的展布,总体上可以划分为潮坪-潟湖相区和浅海相区。

　　中晚志留世中上扬子地区继承早志留世沉积格局,也为滨浅海相带,岩相展布沿着黔中和武陵-雪峰古隆起带自西向东、自南向北呈现由粗—细、由浅—深的展布,总体上可以划分为潮坪-潟湖相区、滨海相区和浅海相区。

富有机质页岩沉积相及岩相古地理特征

第三章

第一节　沉积相类型及特征

一、岩石类型及特征

中上扬子地区震旦纪—早古生代富有机质页岩层系主要发育于下震旦统陡山沱组、下寒武统牛蹄塘组（水井沱组）及上奥陶统五峰组—下志留统龙马溪组，页岩层系常以暗色泥页岩为主，夹泥质粉砂岩、粉砂岩和碳酸盐岩。不同层位、不同地区各种岩石类型组合特征存在差异，如陡山沱组为底部泥页岩层系夹薄层碳酸盐岩；牛蹄塘组以连续发育的泥页岩类为主夹少量的暗色泥灰岩；五峰组硅质岩发育且富含笔石；龙马溪组以泥页岩夹泥质粉砂岩、粉砂岩为主，底部富含笔石化石。总体上，岩石类型较简单，但组合类型多样。根据各类岩石成分、结构、构造等特征，在研究区内共识别出以下多种岩石类型（表3-1）。

表 3-1　中上扬子地区陡山沱组、牛蹄塘组、五峰组—龙马溪组岩石类型及分布特征

岩石类型			分布特征	
			观察分布区域	层位
碎屑岩	页岩类	页岩	黔东、川中、鄂西地区	Z_1d、ϵ_1d
		碳质页岩	湘西、鄂西、渝东地区	ϵ_1n，$O_3w—S_1l$
		灰质页岩	鄂西地区	ϵ_1s
		硅质页岩	黔北、湘西地区	$O_3w—S_1l$
		笔石页岩	湘鄂西地区	$O_3w—S_1l$
		粉砂质页岩	川中、湘西、鄂东地区	ϵ_1s，$O_3w—S_1l$
		砂质页岩	川中、湘西、鄂东地区	ϵ_1s，$O_3w—S_1l$
	泥岩类	泥岩	黔东、川中、鄂西地区	ϵ_1d，$O_3w—S_1l$
		碳质泥岩	湘西、鄂西、渝东地区	ϵ_1n，$O_3w—S_1l$
		硅质泥岩	黔北、湘西地区	$O_3w—S_1l$
		粉砂质泥岩	川中、湘西、鄂东地区	ϵ_1s，$O_3w—S_1l$
	粉砂岩类	泥质粉砂岩	湘西、鄂东地区	$O_3w—S_1l$
		粉砂岩	川中、湘西、鄂东地区	$O_3w—S_1l$
	砂岩类	砂岩	黔北、川中、鄂东地区	S_1l

岩石类型			分布特征	
			观察分布区域	层位
碳酸盐岩	灰岩类	灰岩	鄂西、鄂中地区	Z_1d，$\in_1d$
		泥质灰岩	鄂西、鄂东地区	Z_1d，$\in_1d$
		泥灰岩	鄂西、鄂东地区	Z_1d，$\in_1d$
		泥质条带灰岩	鄂西地区	Z_1d
	白云岩类	泥-微晶白云岩	鄂西地区	Z_1d
		晶粒白云岩	湘西、鄂西地区	Z_1d
硅质岩	硅岩类	硅岩	黔北、湘西、鄂东地区	$\in_1s$，O_3w

（一）碎屑岩

碎屑岩是研究区最主要的岩石类型，区内分布最广，组合类型最多。参照其成分、结构、构造特征，可进一步划分为如下主要类型。

1. 页岩类

页岩：主要为深灰色、灰黑色页岩，以黏土矿物为主，常富含泥级的石英、长石等矿物碎屑，页理发育，单层厚度较薄。该类岩石在陡山沱期主要分布于下部和顶部，在湘鄂西地区的宜昌花鸡坡剖面、永顺王村剖面陡山沱组中下部可见；牛蹄塘期广泛发育，如湘鄂西鹤峰—王村一带及川中、川东南—黔北地区普遍可见，在鹤峰白果坪、龙山茨岩塘、永顺王村、古丈默戎、宜昌王家坪剖面牛蹄塘组底部可见；上扬子地区的瓮安永和、遵义松林等剖面也有分布；五峰期—龙马溪期在松滋—龙山及渝东南一带，如利川毛坝剖面、龙山红岩溪剖面、刘家场丁家冲剖面五峰组—龙马溪组中上部可见。

碳质页岩：主要为黑色、灰黑色碳质页岩，页理较发育，单层厚度较薄，性软，污手（图3-1），易风化，出露表面常风化为土黄色。该类岩石在湘鄂西地区的宜昌花鸡坡剖面、鹤峰白果坪剖面、张家界大坪剖面、永顺王村剖面陡山沱组中下部可见；鄂东、湘鄂西及麻阳盆地一带的鹤峰白果坪剖面、通山珍珠口剖面、通山界水岭剖面、通山留研桥剖面、兴隆场剖面、石门杨家坪剖面、永顺王村剖面、张家界大坪剖面牛蹄塘组中下部可见，上扬子地区牛蹄塘组碳质页岩广泛分布；五峰期—龙马溪期在松滋—利川一带刘家场丁家冲、利川毛坝、咸丰活龙坪、大庸温塘、崇阳田心屋、龙山红岩溪等剖面常见。

灰质页岩：主要为黑色、灰黑色灰质页岩，页理一般不发育，单层厚度较薄，为2～10 cm，性硬，不易风化[图3-2(a)]。该类岩石在湘鄂西地区及鄂东地区的鹤峰白果坪剖面、通山珍珠口剖面、张家界大坪剖面、永顺王村剖面牛蹄塘组中上部可见。

硅质页岩：主要为黑灰色、灰黑色硅质页岩，硅质含量约35%，单层厚度薄，性硬，不易风化，风化后常呈尖角状[图3-2(b)]。该类岩石在石门—咸丰一带，在石门杨家坪剖面木昌组（相当于牛蹄塘组）可见；利川—桑植一带的五峰组—龙马溪组常见，如利川毛坝剖面、咸丰活龙坪剖面、桑植沙塔坪剖面五峰组—龙马溪组底部发育。

图 3-1　中上扬子地区陡山沱组、牛蹄塘组、水井沱组碳质页岩

(a) 灰黑色碳质页岩,永顺王村剖面,陡山沱组,7层;(b) 灰色薄板状含碳质页岩,宜昌花鸡坡剖面,陡山沱组,4层;(c) 黑色碳质页岩,沅陵明溪口剖面,牛蹄塘组,10层;(d) 黑色碳质页岩,鹤峰白果坪剖面,水井沱组下部

图 3-2　中上扬子地区牛蹄塘组、五峰组—龙马溪组灰质、硅质、笔石、粉砂质页岩

(a) 黑色灰质页岩,张家界大坪剖面,牛蹄塘组,9层;(b) 灰黑色碳质硅质页岩,龙山红岩溪剖面,五峰组,2层;(c) 黑色笔石页岩,以耙笔石或直笔石为主,利川毛坝剖面,龙马溪组,2层;(d) 灰色粉砂质页岩,表面风化后呈灰绿色,节理发育,刘家场丁家冲剖面,龙马溪组,2层

笔石页岩：主要为黑灰色、灰黑色薄板状页岩，生物种类单调，仅见浮游类笔石，保存较好，含量约20%[图3-2(c)]。该类岩石在龙山—利川一带的利川毛坝剖面、咸丰活龙坪剖面、宣恩高罗剖面、大庸温塘剖面、龙山红岩溪剖面五峰组和龙马溪组底部常见。

粉砂质页岩：主要为灰色、深灰色薄层粉砂质页岩，风化覆盖较严重，风化后的颜色为黄灰色，粉砂级组分含量较高，约30%[图3-2(d)]。该类岩石在宜昌地区的花鸡坡剖面陡山沱组中上部可见；古丈—王村一带的默戎剖面牛蹄塘组顶部可见。

砂质页岩：主要为灰黑色、黑灰色薄层状砂质页岩，风化覆盖较严重，风化后的颜色为灰色，砂质含量不高，约20%。该类岩石在宜昌地区的乔家坪剖面陡山沱组中上部可见；鹤峰一带的白果坪剖面水井沱组顶部可见。

2. 泥岩类

泥岩：主要为灰色、灰黑色泥岩，呈薄-中层状，五峰组—龙马溪组底部含有大量的笔石化石，含量约20%，保存完好[图3-3(a)]。该类岩石在宜昌地区花鸡坡剖面陡山沱组中下部可见；永顺—古丈一带的永顺王村剖面牛蹄塘组中部可见；利川—龙山一带的利川毛坝剖面、宣恩高罗剖面、桑植沙塔坪剖面、大庸温塘剖面、龙山红岩溪剖面五峰组—龙马溪组中部可见。

图3-3　中上扬子地区陡山沱组、牛蹄塘组、东坑组、五峰组—龙马溪组泥岩类

(a) 深灰色-黑灰色泥岩，宜昌乔家坪剖面，陡山沱组上部；(b) 灰黑色碳质泥岩，永顺王村剖面，陡山沱组中上部；(c) 深灰色碳质泥页岩，通山界水岭剖面，东坑组，6层；(d) 灰黑色碳质泥岩，泸溪兴隆场剖面，牛蹄塘组，3层；(e) 灰黑色硅质泥岩，大量叉笔石发育，龙山红岩溪剖面，五峰组，1层；(f) 深灰色粉砂质泥岩，刘家场丁家冲剖面，龙马溪组，5层

图 3-3　中上扬子地区陡山沱组、牛蹄塘组、东坑组、五峰组—龙马溪组泥岩类(续)

(a)深灰色—黑灰色泥岩,宜昌乔家坪剖面,陡山沱组上部;(b)灰黑色碳质泥岩,永顺王村剖面,陡山沱组中上部;(c)深灰色碳质泥页岩,通山界水岭剖面,东坑组,6层;(d)灰黑色碳质泥岩,泸溪兴隆场剖面,牛蹄塘组,3层;(e)灰黑色硅质泥岩,大量叉笔石发育,龙山红岩溪剖面,五峰组,1层;(f)深灰色粉砂质泥岩,刘家场丁家冲剖面,龙马溪组,5层

碳质泥岩:主要为灰黑色、黑灰色碳质泥岩,呈中-厚层状,性软,易风化,在五峰组—龙马溪组底部可见笔石化石,含量约10%,保存完好[图 3-3(b)~(d)]。鹤峰—永顺一带在鹤峰白果坪剖面、永顺王村剖面陡山沱组中上部可见;张家界大坪和鄂东地区的通山留租桥剖面、通山界水岭剖面牛蹄塘组中下部可见;宣恩—龙山一带的宣恩高罗剖面、龙山红岩溪剖面五峰组—龙马溪组下部均有发育。

硅质泥岩:主要为黑灰色硅质泥岩,呈中-薄层状,发育水平层理,在五峰组—龙马溪组底部可见耙笔石化石,含量约10%,保存完好[图 3-3(e)]。张家界大坪剖面陡山沱组底部可见;宣恩—利川一带的利川毛坝剖面、宣恩高罗剖面五峰组—龙马溪组底部有发育。

粉砂质泥岩:主要为深灰色-黑灰色中-厚层状粉砂质泥岩,发育水平层理,在五峰组—龙马溪组底部可见少量的耙笔石化石,保存较好[图 3-3(f)]。龙山茨岩塘剖面水井沱组上部,咸丰—龙山一带的咸丰活龙坪剖面、宣恩高罗剖面、桑植沙塔坪剖面、大庸温塘剖面、龙山红岩溪剖面五峰组—龙马溪组中部可见。

3. 粉砂岩类

泥质粉砂岩:主要为黑灰色泥质粉砂岩,呈薄-中层状,泥质含量在35%左右。泥质粉砂岩主要发育于龙马溪组中上部,牛蹄塘组偶见[图 3-4(a)]。如湘西古丈地区,在默戎剖面牛蹄塘组底部可见;张家界—沅陵一带,在大庸温塘剖面五峰组—龙马溪组中上部可见,在龙马溪组底部可见少量的笔石化石,含量在5%左右,保存较完好。

粉砂岩:主要为黄灰色中-厚层状粉砂岩,其间部分层段含有黄铁矿,发育波纹层理。黔北湘西龙山一带的茨岩塘剖面水井沱组顶部可见[图 3-4(b)];利川毛坝剖面、咸丰活龙坪剖面、宣恩高罗剖面、大庸温塘剖面、龙山红岩溪剖面五峰组—龙马溪组上部发育[图 3-4(c)]。

4. 砂岩类

主要为灰色-灰绿色中-厚层状砂岩,主要发育于龙马溪组中上部,常呈夹层状。在利川毛坝剖面、宣恩高罗剖面、龙山红岩溪剖面五峰组—龙马溪组中上部可见[图 3-4(d)]。

图 3-4　中上扬子地区陡山沱组、牛蹄塘组、五峰组—龙马溪组粉砂岩、砂岩及碳酸盐岩类

（a）灰黑色—深灰色薄层状泥质粉砂岩，瓮安永和剖面，牛蹄塘组，6 层；（b）黄绿色粉砂岩，层理发育，酉阳丁市剖面，龙马溪组，8 层；（c）下部为黑色碳质页岩夹薄层灰色粉砂岩，向上粉砂岩与页岩互层，顶部为灰色中层状细砂岩夹薄层页岩，利川毛坝剖面，龙马溪组，7 层；（d）红褐色砂岩，底面上发现冲刷痕，粒序层理，风暴岩沉积，利川毛坝剖面，龙马溪组，8 层；（e）灰黑色碳质页岩中夹泥晶灰岩透镜体，宜昌王家坪剖面中部；（f）灰色泥晶白云岩，宜昌花鸡坡剖面，陡山沱组底部

（二）碳酸盐岩

1. 灰岩类

灰岩：主要为深灰色-灰色中-厚层状泥-微晶灰岩，单层厚度为 $10\sim80$ cm，泥质含量较低，方解石晶粒多为 $0.004\sim0.005$ mm，代表水动力条件弱的沉积环境。在中上扬子地区的陡山沱组和牛蹄塘组发育，其中在永顺王村剖面、宜昌花鸡坡剖面陡山沱组底部，以及宜昌泰山庙剖面水井沱组上部地层中可见，宜昌王家坪剖面水井沱组下部碳质页岩中常夹透镜状泥晶灰岩［图 3-4（e）］。

泥质灰岩：主要为深灰色薄-中层状泥质灰岩，由 50%～75%碳酸盐矿物和 25%～50%黏土矿物组成的碳酸盐岩，泥质含量较高，单层厚度为 5～20 cm，为水动力条件很弱的沉积环境。该类岩石在研究区内平面上主要分布于四川盆地及湘西地区，纵向上发育于陡山沱组和牛蹄塘组，其中在宜昌秭归乔家坪剖面陡山沱组底部、宜昌王家坪剖面水井沱组中部可见。

泥灰岩：主要为灰色-深灰色中-厚层状泥灰岩，碳酸盐矿物和伊利石、绿泥石等黏土矿物含量均接近 50%，黏土矿物含量较泥质灰岩中更高，方解石晶粒多为 0.004～0.009 mm。单层厚度为 10～60 cm，泥质含量很高，代表能量较弱、水体安静的沉积环境。该类岩石在平面上主要分布于四川盆地及鄂西地区，纵向上发育于陡山沱组和牛蹄塘组，其中张家界大坪剖面陡山沱组底部、永顺王村剖面牛蹄塘组中部地层中可见。

泥质条带灰岩：是一种具有条带状结构的石灰岩，灰岩中混入的黏土类物质呈条带状产出，灰岩层和泥质层相互叠置，平行产出。岩性为灰色-深灰色中-厚层状泥质条带灰岩，单层厚度为 20～60 cm，泥质含量相对较高，约 35%，填隙物基本为泥晶方解石，晶粒多为 0.004～0.005 mm，代表水动力能量较弱的沉积环境。该类岩石在平面上主要分布于湘鄂西地区及四川盆地东部，纵向上发育于牛蹄塘组，在宜昌泰山庙剖面水井沱组中上部地层中可见。

2. 白云岩类

泥-微晶白云岩：主要为灰色中-厚层状泥-微晶白云岩，晶粒大小多为 0.004～0.005 mm，单层厚度为 30～100 cm，代表潮坪环境。陡山沱组较为发育，其中在宜昌花鸡坡剖面、鹤峰白果坪剖面、张家界大坪剖面陡山沱组底部可见[图 3-4(f)]。

晶粒白云岩：主要为灰色-灰白色厚层-块状细晶白云岩，单层厚度为 60～220 cm，晶粒大小主要分布于 0.05～0.25 mm。陡山沱组中上部常见，宜昌花鸡坡剖面陡山沱组中上部可见大段连续分布的厚层-块状粉晶-细晶白云岩。

（三）硅质岩

沉积岩中以 SiO_2 为主要成分的岩石叫作硅质岩，也称燧石岩。硅质岩分为三类：①生物硅质岩；②化学硅质岩；③凝灰硅质岩。在中上扬子地区以化学硅质岩为主，由沉积的或交代的碳酸盐矿物或其他矿物以 SiO_2 为主要成分的岩石组成，质地坚硬，一般称为燧石岩。燧石岩主要由微晶石英和玉髓组成，岩性致密坚硬，具贝壳状断口，颜色因含杂质不同而各不相同，显微镜下纯净燧石是一种无色的微晶石英集合体。对于研究区的硅质岩类型成因为沉积型硅质岩，一般代表深水沉积物。该类岩石在平面上主要分布于湘西地区，纵向上主要位于牛蹄塘组和五峰组—龙马溪组，其中在沅陵明溪口剖面牛蹄塘组下部地层中可见，在宣恩高罗剖面五峰组—龙马溪组底部地层中也发育，其主要由自生硅质矿物组成，一般呈黑色薄层状，节理发育，岩性细腻，偶夹页岩纹层，五峰组见浮游类笔石，保存较好，含量约 5%，泥质含量约 25%。

二、沉积相划分及特征

中上扬子地区下震旦统陡山沱组、下寒武统牛蹄塘组、上奥陶统五峰组—下志留统龙马溪组为晚古生代之前海相页岩发育的重要层位。在前人研究的基础上,结合研究区野外剖面及单井的沉积构造、岩石组合、生物等沉积相标志,共识别出 7 种相及若干亚相和微相类型(表 3-2)。其中,陡山沱组页岩主要为台地前缘斜坡相沉积,牛蹄塘组页岩为碎屑岩陆棚相-盆地相沉积,五峰组—龙马溪组页岩主要为碎屑岩陆棚相沉积。现将中上扬子地区下震旦统陡山沱组、下寒武统牛蹄塘组、上奥陶统五峰组—下志留统龙马溪组的沉积相、亚相和微相类型与特征分述如下。

表 3-2 中上扬子地区震旦系—古生界富有机质页岩发育段沉积相类型划分方案

相	亚相	微相	主要岩性特征	主要发育层位
碎屑滨岸	—	—	浅灰色细砂岩、中砂岩	陡山沱组
碳酸盐缓坡	浅水缓坡、深水缓坡		浅灰色砂砾屑灰岩、泥质灰岩、泥晶灰岩	牛蹄塘组
碳酸盐台地	蒸发台地	蒸发潮坪	浅灰色泥晶白云岩、膏岩夹层	陡山沱组、水井沱组
	局限台地	潮坪、潟湖	浅灰色泥晶-粉晶白云岩	
	开阔台地	潮下静水泥	灰色泥晶灰岩	
台地前缘斜坡	上斜坡		深灰色泥-微晶灰岩	陡山沱组
	下斜坡		灰色-黑灰色碳质泥页岩	陡山沱组、牛蹄塘组
碎屑岩陆棚	浅水陆棚	砂质陆棚	灰-深灰色砂质泥页岩、泥质粉砂岩	牛蹄塘组、五峰组—龙马溪组
		砂泥质陆棚	深灰色-黑灰色粉砂质泥页岩	
		泥质陆棚	深灰色泥岩	五峰组—龙马溪组
		风暴流沉积	灰色页岩夹薄层状砂岩	
	深水陆棚	泥质陆棚	黑灰色泥页岩	牛蹄塘组、五峰组—龙马溪组
		碳质陆棚	黑灰色硅质泥页岩	
		硅质陆棚	灰黑色碳质泥页	
混积陆棚	浅水混积陆棚	生屑滩	灰色生屑灰岩	五峰组—龙马溪组
		近源风暴沉积	黑色页岩夹薄层状灰岩	牛蹄塘组
		砂泥质陆棚	灰色粉砂质泥岩	五峰组
		泥灰质陆棚	深灰色泥灰岩	石牌组、龙马溪组
	深水混积陆棚	泥-灰泥质陆棚	深灰色泥质灰岩	龙马溪组
		灰泥质陆棚	灰黑色灰质页岩	
(台内)盆地	硅质盆地		黑色硅质岩	牛蹄塘组、五峰组
	泥质盆地		灰黑色、黑色碳质页岩	

(一)碎屑滨岸相

碎屑滨岸相主要发育于陡山沱组下部地层,分布于川西、滇东—黔北大部分区域,由于邻近古陆边缘,如汉源、西昌、盐边和曲靖等地有滨岸相的碎屑物,主要发育浅灰色中-细粒石英砂岩、紫红色泥岩、云质泥岩等。砂岩矿物成熟度较高,磨圆和分选较好,颗粒支撑,钙质胶结,常见板状交错层理、冲洗层理等沉积构造(图 3-5)。

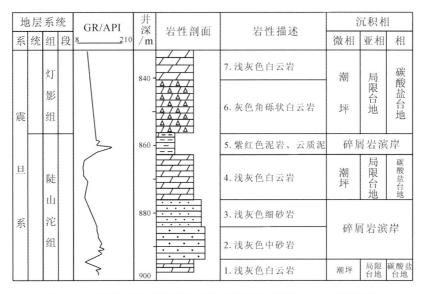

图 3-5　四川峨边先锋剖面陡山沱组滨岸相、碳酸盐台地相剖面图

（二）碳酸盐缓坡相

碳酸盐缓坡相是指具有比较均一和平缓的、从岸线逐渐进入盆地的缓慢倾斜的斜坡,波浪搅动带位于近岸处。该相带在中扬子地区发育局限,主要在牛蹄塘组局部地层发育,可以进一步分为浅水缓坡亚相和深水缓坡亚相,常见泥质灰岩、泥晶灰岩及砂砾屑灰岩等。

（三）碳酸盐台地

碳酸盐台地相是指具有水平的顶和相对陡峻的陆架边缘的碳酸盐沉积海域,在这个边缘上具有"高能量"沉积物(Read,1985),常具有较大的碳酸盐岩连续沉积厚度。主要发育于陡山沱组,如永顺王村剖面、张家界大坪剖面、宜昌乔家坪剖面、花鸡坡剖面等均有见到,进一步划分为蒸发台地、局限台地和开阔台地,其中以局限台地常见,由浅灰色泥晶-粉晶白云岩组成,在陡山沱组底部偶见石膏夹层(图 3-6)。

（四）台地前缘斜坡相

台地前缘斜坡相是台地边缘向广海一侧缓缓延伸、地形平缓、呈一均匀倾斜的地形,碳酸盐沉积物表现为近岸的高能浅滩颗粒灰岩向海方向逐渐变成较深水碳酸盐沉积物并最终成为盆地泥质岩类,如果前缘斜坡坡度较陡时,也可发育重力流沉积。该相带可以进一步划分为下斜坡亚相和上斜坡亚相,在研究区内下震旦统陡山沱组、下寒武统牛蹄塘组及上奥陶统五峰组—下志留统龙马溪组均普遍发育,为灰黑色泥岩、碳质泥岩、泥质灰岩、泥晶灰岩等,其中富有机质泥页岩主要发育于下斜坡亚相(图 3-6)。

1. 上斜坡亚相

上斜坡是从碳酸盐台地边缘至深水盆地间无明显的坡折带更靠近碳酸盐台地一侧,是潮汐作用带以下到平均浪基面之间的沉积环境,水动力条件较强,研究区内主要沉积的

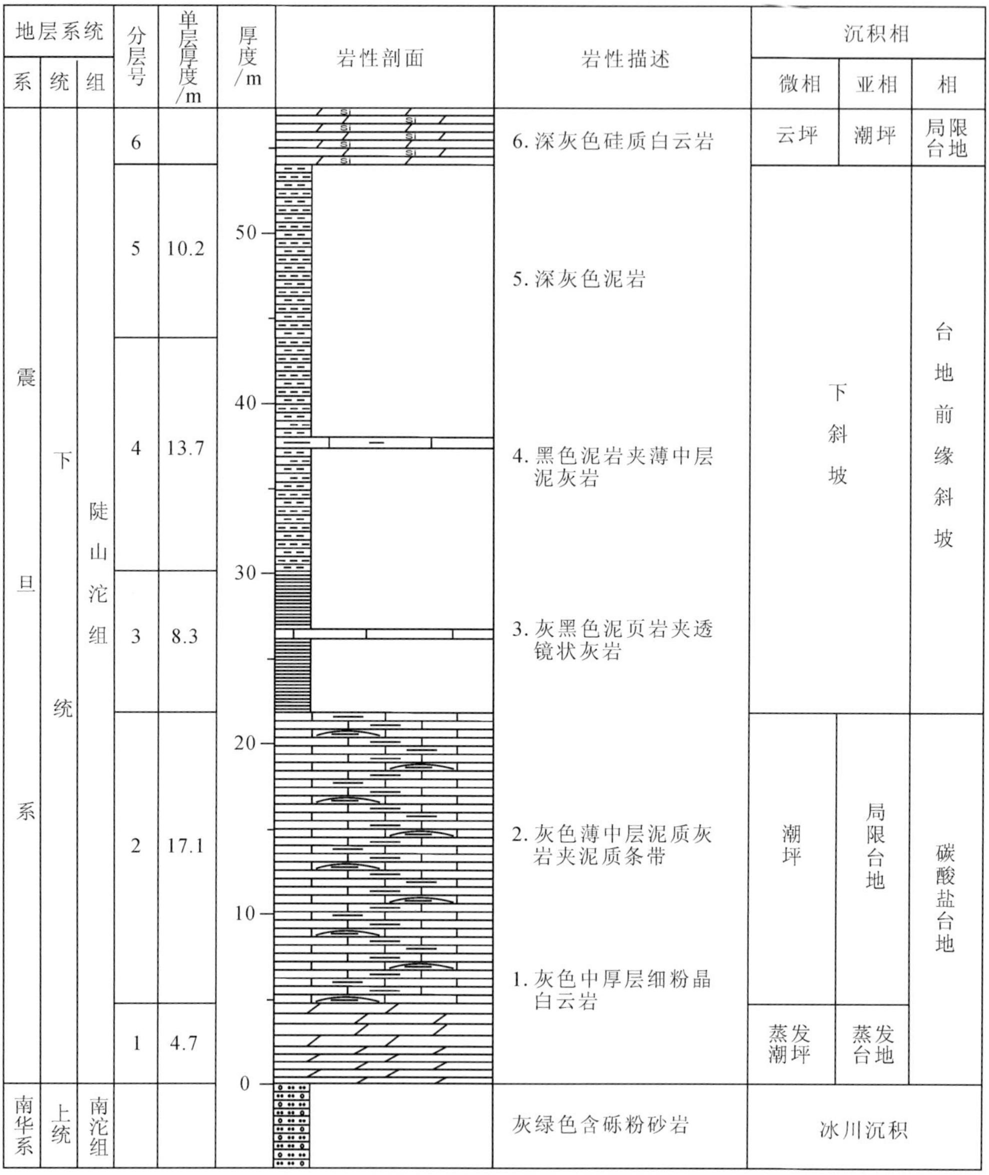

地层系统			分层号	单层厚度/m	厚度/m	岩性剖面	岩性描述	沉积相		
系	统	组						微相	亚相	相
震旦系	下统	陡山沱组	6				6. 深灰色硅质白云岩	云坪	潮坪	局限台地
			5	10.2	50		5. 深灰色泥岩	下斜坡	台地前缘斜坡	台地前缘斜坡
			4	13.7	40		4. 黑色泥岩夹薄中层泥灰岩			
			3	8.3	30		3. 灰黑色泥页岩夹透镜状灰岩			
			2	17.1	20		2. 灰色薄中层泥质灰岩夹泥质条带	潮坪	局限台地	碳酸盐台地
					10		1. 灰色中厚层细粉晶白云岩			
			1	4.7	0			蒸发潮坪	蒸发台地	
南华系	上统	南沱组					灰绿色含砾粉砂岩	冰川沉积		

图 3-6　湖北宜昌秭归乔家坪剖面陡山沱组碳酸盐台地相、台地前缘斜坡相剖面图

是黑灰色中-厚层状泥-微晶灰岩、深灰色粉砂质泥页岩。

2. 下斜坡亚相

下斜坡是从碳酸盐台地至深水盆地间无明显的坡折带更靠近盆地一侧,其位于平均浪基面与氧化还原界面之间,水动力以风暴浪和风暴流作用为主,正常波浪影响不大,生物沉积作用强烈,绿藻和红藻常见,有孔虫、介形虫、腕足类、三叶虫、笔石化石等可见。主要沉积的是黑灰色、黑色碳质泥页岩。

（五）碎屑岩陆棚相

碎屑岩陆棚是以陆源碎屑为主的陆棚沉积体系，向海岸方向与滨海沉积体系相接，有时在陆源碎屑陆棚体系上部发育滨海沉积过渡相沉积。该相带水深在正常浪基面之下、下限为水深200m左右，以碎屑岩沉积为主。根据其岩性组合可将其分为浅水陆棚和深水陆棚两种亚相类型（图3-7，图3-8）。该相带在研究区内下震旦统陡山沱组、下寒武统牛蹄塘组、上奥陶统五峰组—下志留统龙马溪组普遍发育。

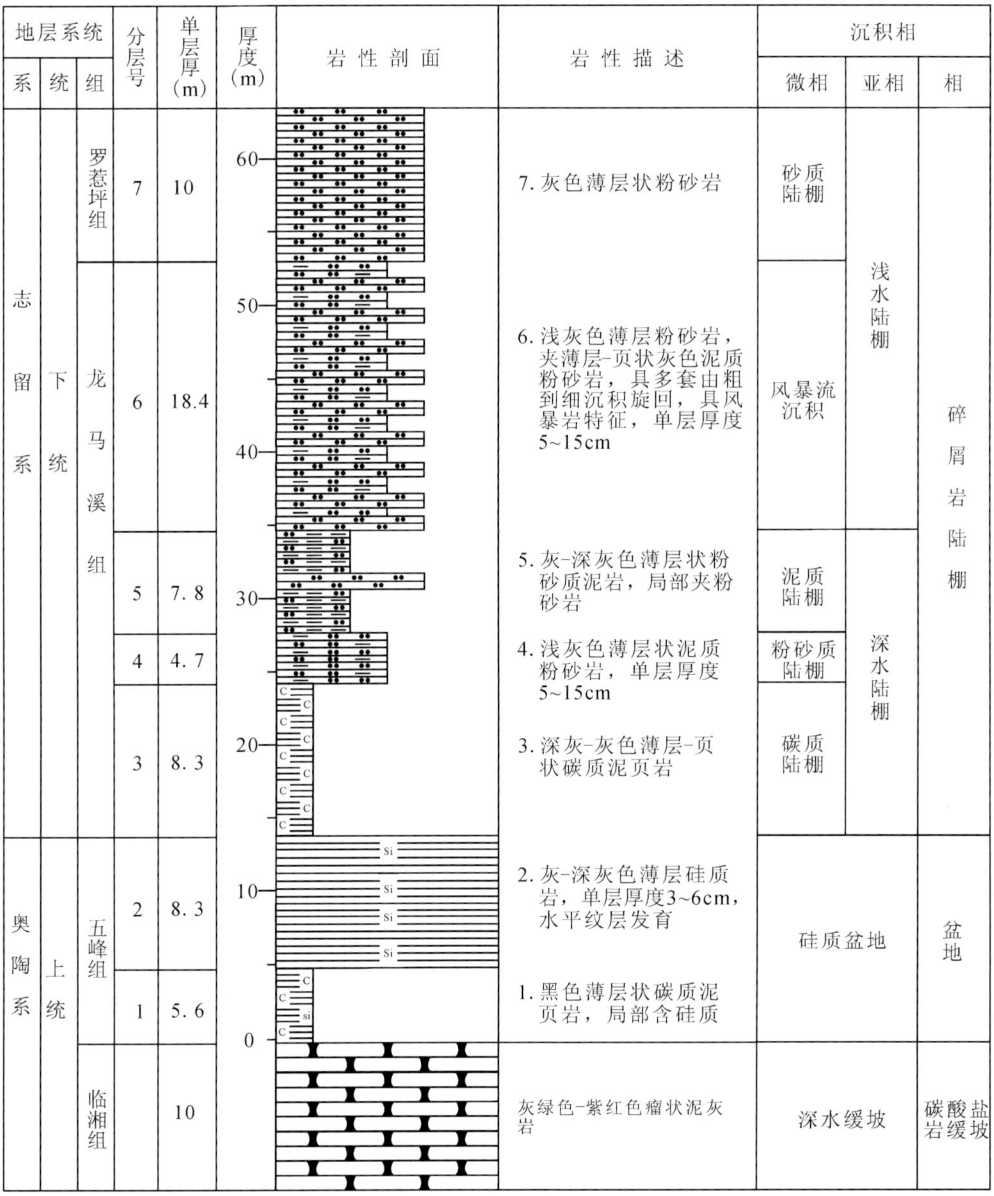

地层系统			分层号	单层厚(m)	厚度(m)	岩性剖面	岩性描述	沉积相		
系	统	组						微相	亚相	相
志留系	下统	罗惹坪组	7	10			7.灰色薄层状粉砂岩	砂质陆棚	浅水陆棚	碎屑岩陆棚
		龙马溪组	6	18.4			6.浅灰色薄层粉砂岩，夹薄层-页状灰色泥质粉砂岩，其多套由粗到细沉积旋回，具风暴岩特征，单层厚度5~15cm	风暴流沉积		
			5	7.8			5.灰-深灰色薄层状粉砂质泥岩，局部夹粉砂岩	泥质陆棚	深水陆棚	
			4	4.7			4.浅灰色薄层状泥质粉砂岩，单层厚度5~15cm	粉砂质陆棚		
			3	8.3			3.深灰-灰色薄层-页状碳质泥页岩	碳质陆棚		
奥陶系	上统	五峰组	2	8.3			2.灰-深灰色薄层硅质岩，单层厚度3~6cm，水平纹层发育	硅质盆地	盆地	
			1	5.6			1.黑色薄层状碳质泥页岩，局部含硅质			
		临湘组		10			灰绿色-紫红色瘤状泥灰岩	深水缓坡	碳酸盐岩缓坡	

图3-7　湖北崇阳田心屋剖面五峰组—龙马溪组碎屑岩陆棚相、盆地相剖面图

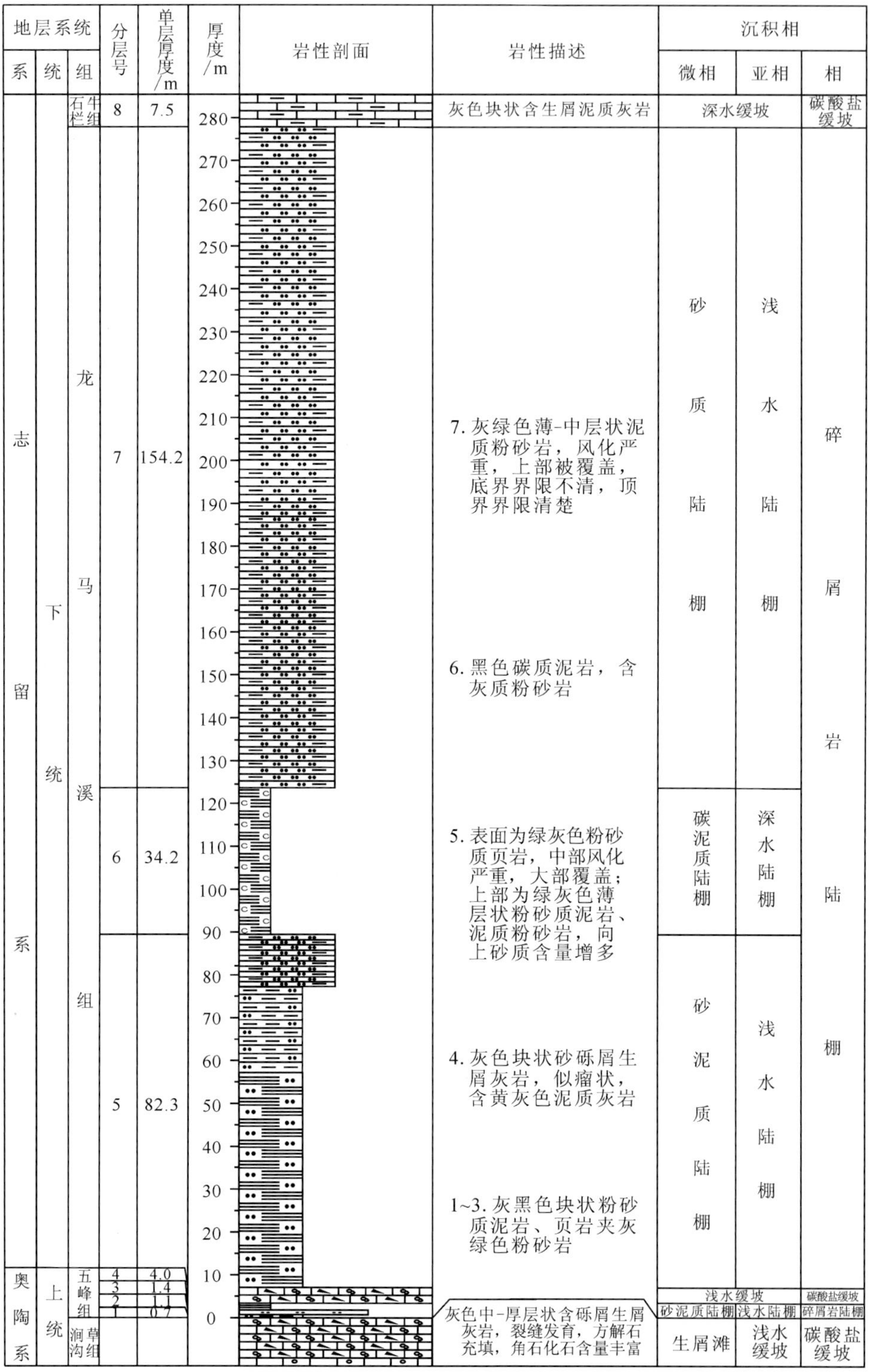

地层系统			分层号	单层厚度/m	厚度/m	岩性剖面	岩性描述	沉积相		
系	统	组						微相	亚相	相
志留系	下统	石牛栏组	8	7.5	280		灰色块状含生屑泥质灰岩	深水缓坡		碳酸盐缓坡
		龙马溪组	7	154.2	270-130		7.灰绿色薄-中层状泥质粉砂岩,风化严重,上部被覆盖,底界界限不清,顶界界限清楚 6.黑色碳质泥岩,含灰质粉砂岩	砂质陆棚	浅水陆棚	碎屑岩陆棚
			6	34.2	120-90		5.表面为绿灰色粉砂质页岩,中部风化严重,大部覆盖;上部为绿灰色薄层状粉砂质泥岩、泥质粉砂岩,向上砂质含量增多	碳泥质陆棚	深水陆棚	
			5	82.3	80-10		4.灰色块状砂砾屑生屑灰岩,似瘤状,含黄灰色泥质灰岩 1~3.灰黑色块状粉砂质泥岩、页岩夹灰绿色粉砂岩	砂泥质陆棚	浅水陆棚	棚
奥陶系	上统	五峰组	4	4.0	10			浅水缓坡		碳酸盐缓坡
			3	1.4				砂泥质陆棚	浅水陆棚	碎屑岩陆棚
		涧草沟组	2 1	1.07	0		灰色中-厚层状含砾屑生屑灰岩,裂缝发育,方解石充填,角石化石含量丰富	生屑滩	浅水缓坡	碳酸盐缓坡

图 3-8　贵州正安旺草铺剖面五峰组—龙马溪组碎屑岩陆棚相剖面图

1. 浅水陆棚亚相

浅水陆棚亚相主要为砂泥质沉积。根据岩相特征可识别出砂质陆棚微相、砂泥质陆棚微相、风暴流沉积微相等（图 3-7）。

砂质陆棚微相：岩性主要为灰色-深灰色砂质泥页岩、泥质粉砂岩，可见小型交错层理，其代表着水动力条件较强的沉积环境。

砂泥质陆棚微相：岩性主要为深灰色-黑灰色粉砂质泥页岩、砂质泥页岩，可见波纹层理及交错层理，其代表着水动力条件较弱的沉积环境。

泥质陆棚微相：岩性主要为黑灰色泥页岩，可见水平层理，代表着水动力条件很弱的沉积环境。

风暴流沉积微相：岩性主要为灰色页岩夹薄层状砂岩，砂岩底部可见冲刷-充填构造、粒序层理和丘状交错层理，发育风暴流序列的 A-C 段，常夹于上、下暗色泥岩沉积中（如利川毛坝剖面龙马溪组上部发育）。

2. 深水陆棚亚相

深水陆棚亚相主要为泥质沉积。根据岩相特征可识别出泥质陆棚、碳质陆棚和硅质陆棚等微相类型。岩性主要为黑色、黑灰色碳质、硅质泥页岩，其代表着水动力条件很弱的沉积环境，该沉积亚相是区内主要的页岩气源岩发育相带。

（六）混积陆棚相

混积陆棚是指过渡带外侧到大陆坡内缘的浅海-半深海地区，形成于碳酸盐补偿界面以上，常发育水平层理及小角度的交错层理。混积陆棚相表现为灰、泥、砂组分的混合沉积，在相序上表现为灰泥、灰砂或灰泥砂等不同比例组成的韵律沉积。在特定的沉积环境中由碎屑沉积物与碳酸盐沉积物的混合沉积形成的沉积相类型称为混积相，包括硅质碎屑岩与碳酸盐岩在结构上的相互掺杂，或者成分上纯的硅质碎屑岩与碳酸盐岩旋回性互层或侧向彼此相互交叉的沉积环境的产物。混积作用和混积相广泛地发育于不同地质时期，即从古至今十分常见，从陆到海、从浅水到深水都会出现。不同构造-沉积背景和不同级次的混积旋回中都可形成不同成因特征和混积比例的混积相类型，以及特征各异的混积物。根据岩石类型等各方面特征可将研究区混积陆棚相划分为深水陆棚和浅水陆棚两种亚相（图 3-9，图 3-10）。按 Mount 的混积岩划分方案，混积岩类型包括以泥质为背景的混积 I 型和以粉-细砂或灰岩为背景的混积 II 型。混积方式包括陆源碎屑岩与盆源碳酸盐岩旋回性薄互层的间断式混积，以及两种不同来源的物质组分以不同比例掺和的原地式混积两种机理。

1. 浅水混积陆棚亚相

浅水混积陆棚水体浅，砂质、灰质含量高，以粉-细砂岩或灰岩为背景的混积 II 型。根据沉积物差别将混积浅水陆棚分为生屑滩、砂泥质陆棚、泥灰质陆棚三种微相。

生屑滩：该沉积微相主要由生屑灰岩组成，陆源碎屑相对较少。一是产出环境方面，生物碎屑浅滩属泥质陆棚上局部浅水环境，介屑滩则属滨岸中高能带；二是组成上，以腕足介壳为主，构成（亮晶/泥晶）腕足介屑（泥晶）灰岩；三是就混积方式来说，多与前滨沙滩亚相构成相的混合；四是从产出层位上看，混积生屑滩发育于南川上奥陶统五峰组。岩性以灰绿色薄-中层状粉砂质生屑灰岩为主。

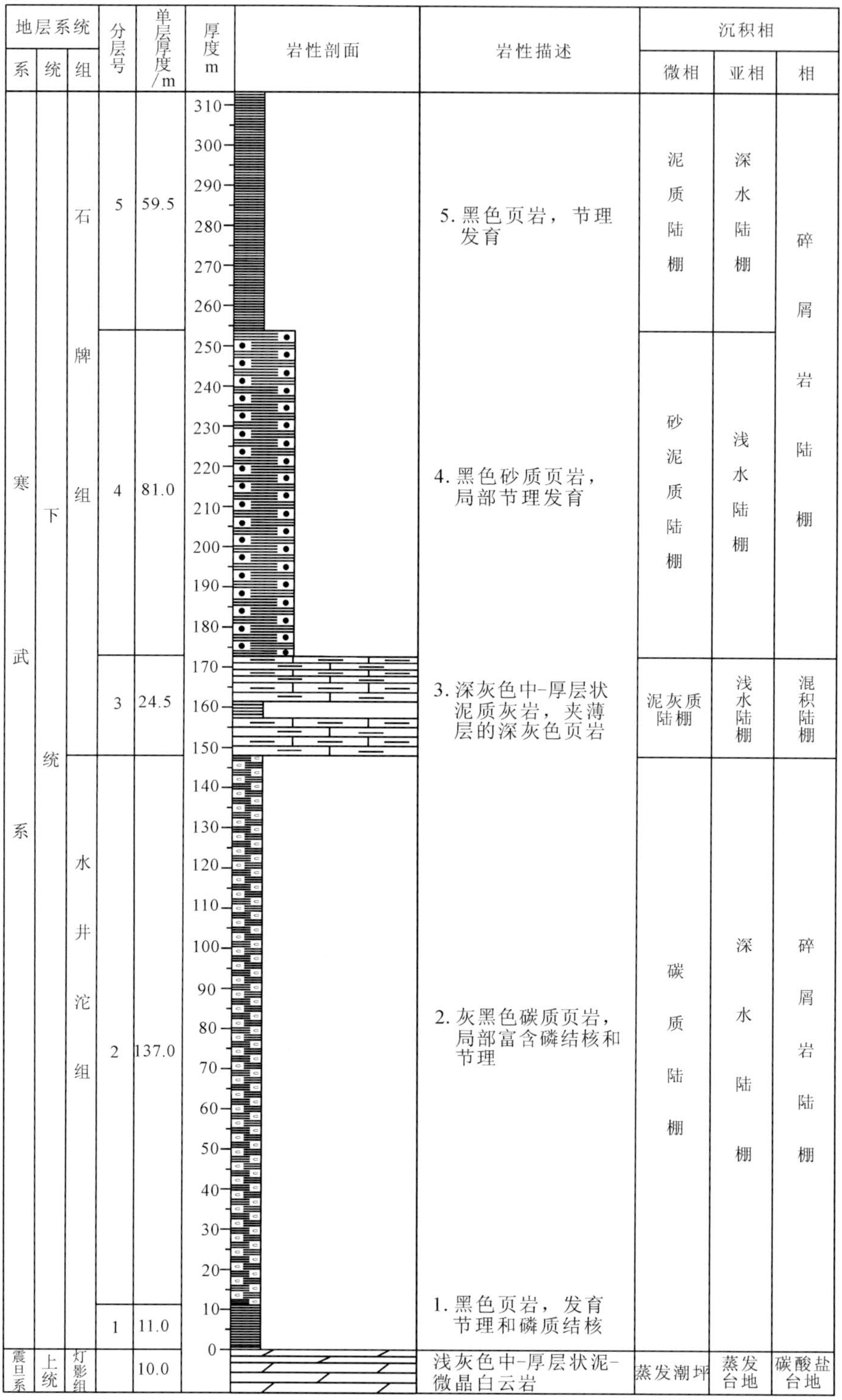

地层系统			分层号	单层厚度/m	厚度/m	岩性剖面	岩性描述	沉积相		
系	统	组						微相	亚相	相
寒武系	下统	石牌组	5	59.5			5. 黑色页岩，节理发育	泥质陆棚	深水陆棚	碎屑岩陆棚
			4	81.0			4. 黑色砂质页岩，局部节理发育	砂泥质陆棚	浅水陆棚	
			3	24.5			3. 深灰色中-厚层状泥质灰岩，夹薄层的深灰色页岩	泥灰质陆棚	浅水陆棚	混积陆棚
		水井沱组	2	137.0			2. 灰黑色碳质页岩，局部富含磷结核和节理	碳质陆棚	深水陆棚	碎屑岩陆棚
			1	11.0			1. 黑色页岩，发育节理和磷质结核			
震旦系	上统	灯影组		10.0			浅灰色中-厚层状泥-微晶白云岩	蒸发潮坪	蒸发台地	碳酸盐台地

图 3-9　湖北鹤峰白果坪剖面水井沱组—石牌组碎屑岩陆棚相、混积陆棚相剖面图

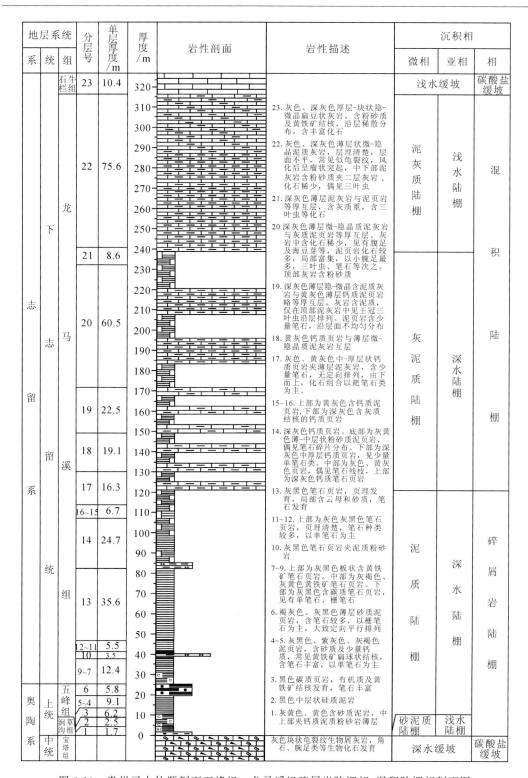

图 3-10　贵州习水仙源剖面五峰组—龙马溪组碎屑岩陆棚相、混积陆棚相剖面图

砂泥质陆棚：砂泥质混积陆棚的混积机理或表现为弱的间断式，或弱的间断式与原地式韵律交替的混积过程；岩性以绿灰色泥质粉砂岩，灰色薄层状泥质钙质粉砂岩，灰绿色粉砂质页岩为主。

泥灰质陆棚：泥灰质陆棚的混积机理表现为强的间断式与很强的原地式混积韵律交替的混积过程。岩性为灰黄色钙质页岩与灰色薄层微-隐晶质泥灰岩互层，泥灰岩中见王冠三叶虫、笔石等化石，笔石以栅笔石为主，单笔石次之，岩层稀散不均匀，无定向排列，沉积物的构造有微细层理发育。

2. 深水混积陆棚亚相

深水混积陆棚亚相为混积Ⅰ型沉积以泥质为背景，砂质含量明显减少，生物群丰富。根据沉积物矿物组成特征，中上扬子地区深水混积陆棚亚相可进一步划分为灰泥质陆棚微相和泥-灰泥质陆棚微相。

灰泥质陆棚微相：主体岩性为深灰色钙质页岩，灰黄色薄-中层状粉砂质泥页岩，深灰色中厚层含钙质页岩，偶见笔石碎片化石，以单笔石为主，从沉积物的结构和构造方面来说，微细层理发育。

泥-灰泥质陆棚微相：泥-灰泥质陆棚微相与灰泥质陆棚微相比较，此类陆棚水体更深，环境更为宁静和低能。岩性以灰色-深灰色薄层微-隐晶质泥灰岩与灰质泥页岩等厚互层，局部夹灰质泥页岩条带，生物化石丰富，可见腕足、笔石、三叶虫、笔石等化石，泥页岩页理清楚。

（七）盆地相

盆地相沉积水体较深，位于氧化界面以下，并可达碳酸盐补偿界面附近或其下。在不同的水深环境下，其主要沉积产物不同，主要是泥、页岩及硅岩沉积。根据沉积环境、沉积作用及岩性特征，研究区内盆地相识别出硅质盆地亚相和泥质盆地亚相。

1. 泥质盆地亚相

泥质盆地亚相岩性主要为黑色泥页岩、碳质页岩，反映相对安静、以悬浮沉积为主的深水环境。

2. 硅质盆地亚相

硅质盆地亚相沉积物为灰黑色、黑色薄-中层状硅质岩，一般发育于沉积较稳定的深水环境中（图3-11）。

通过对中上扬子地区页岩层段精细的沉积相研究，结合各种沉积相标志的识别，确定研究区陡山沱组主要发育一套碳酸盐台地-台地前缘斜坡-盆地沉积相，牛蹄塘组和五峰组—龙马溪组主要发育一套碎屑岩浅水陆棚-深水陆棚沉积，暗色页岩段主要发育于台地前缘斜坡和深水陆棚环境，其次为盆地环境，岩性主要为黑灰色-灰黑色泥页岩、碳质页岩、灰质页岩、粉砂质页岩。

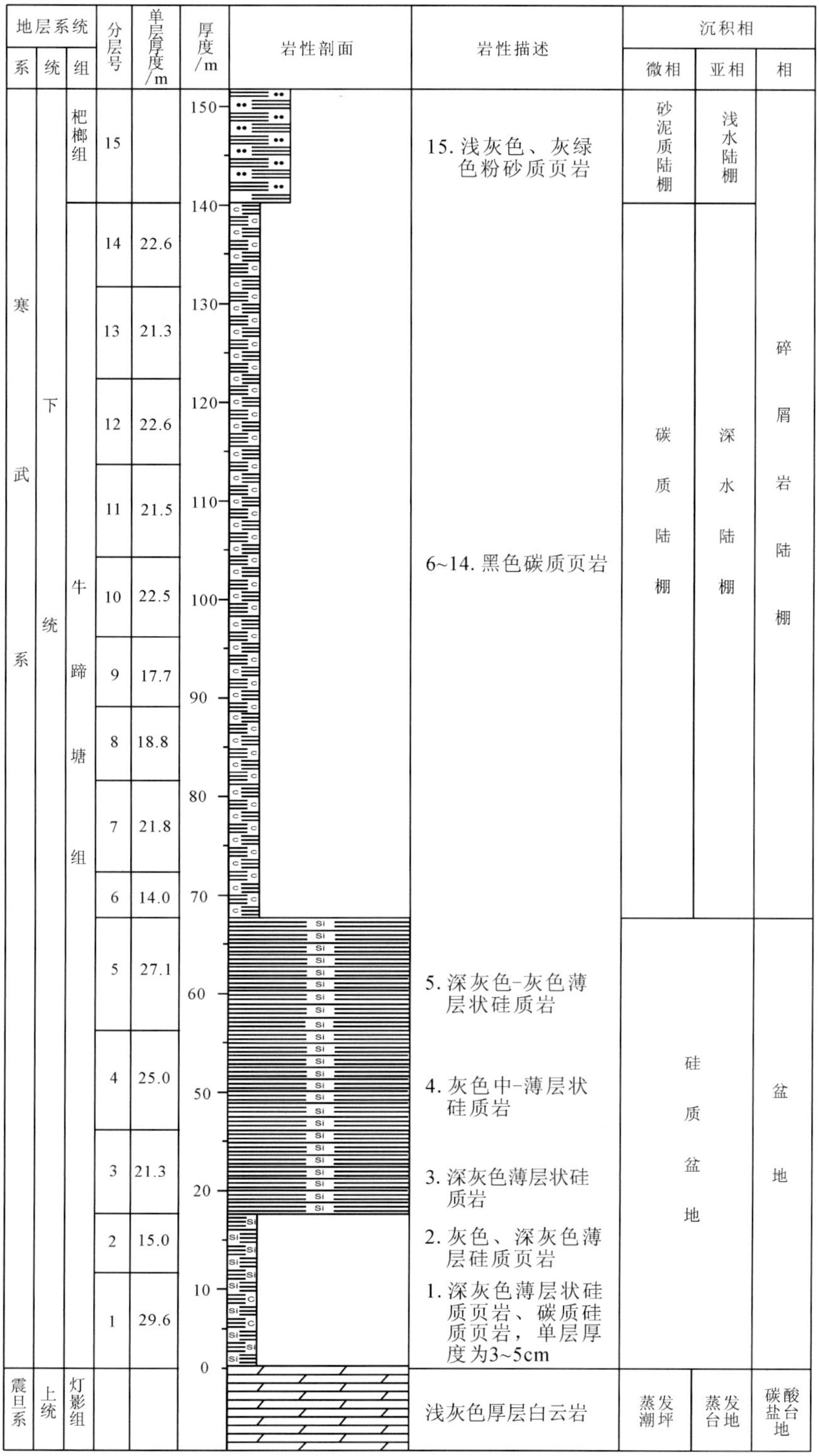

地层系统			分层号	单层厚度/m	厚度/m	岩性剖面	岩性描述	沉积相		
系	统	组						微相	亚相	相
寒武系	下武统系	杷榔组	15		150~140		15. 浅灰色、灰绿色粉砂质页岩	砂泥质陆棚	浅水陆棚	碎屑岩陆棚
		牛蹄塘组	14	22.6	140~130		6~14. 黑色碳质页岩	碳质陆棚	深水陆棚	
			13	21.3	130					
			12	22.6	120					
			11	21.5	110					
			10	22.5	100					
			9	17.7	90					
			8	18.8	80					
			7	21.8						
			6	14.0	70					
			5	27.1	60		5. 深灰色-灰色薄层状硅质岩	硅质盆地	盆地	
			4	25.0	50		4. 灰色中-薄层状硅质岩			
			3	21.3	20		3. 深灰色薄层状硅质岩			
			2	15.0	10		2. 灰色、深灰色薄层硅质页岩			
			1	29.6	0		1. 深灰色薄层状硅质页岩、碳质硅质页岩，单层厚度为3~5cm			
震旦系	上统	灯影组					浅灰色厚层白云岩	蒸发潮坪	蒸发台地	碳酸盐台地

图 3-11　湖南沅陵明溪口剖面牛蹄塘组碎屑岩陆棚相、盆地相剖面图

第二节　典型剖面沉积相分析

一、陡山沱组典型剖面沉积相分析

(一) 湖北宜昌花鸡坡剖面

该剖面陡山沱组地层发育齐全,其陡山沱组底界与下伏南沱组灰绿色冰碛岩呈角度不整合接触,界线明显,与上覆灯影组呈整合接触,界线清楚。将其分为 24 层,共 137.73 m (图 3-12)。

下伏南沱组:厚度大于 10 m,为灰绿色块状冰碛岩,以含砾泥质粉砂岩、粉砂质泥岩为主,含大量角砾,呈漂砾状,砾石大小不一,小者 2 mm,大者 10～20 cm。成分复杂。为冰川沉积。

第 1 层:厚度为 1.45 m,主要为深灰色厚层状泥-微晶白云岩,溶蚀孔洞和裂缝极为发育,充填石英晶体,初步判断为热液成因,裂缝周缘白云岩晶粒粗大,亦为热液成因。发育于局限台地亚相潮坪微相。

第 2 层:厚度为 2.12 m,主要为灰色薄层-块状泥-微晶白云岩,呈三个韵律,底部为厚层状泥-微晶云岩夹石膏条带,上部为块状粉晶云岩,呈超覆沉积。普遍发育硅质栉壳构造,垂直层面的微裂缝较为发育。发育于局限台地亚相潮坪微相。

第 3 层:厚度为 2.83 m,主要为灰色-深灰色薄-中层状泥微晶灰岩,底部为薄层状泥微晶灰岩,单层厚度 5 cm 左右,上部为中层状泥微晶灰岩,单层厚度约 20 cm。发育于局限台地亚相潮坪微相。

第 4 层:厚度为 44.21 m,主要为黑色碳质页岩,顶部为碳质页岩夹粉砂质泥岩,底部为泥质白云岩。下部泥质白云岩发育于局限台地亚相潟湖微相,上部黑色碳质页岩发育于台内盆地相泥质盆地亚相。

第 5 层:厚度为 1.34 m,主要为黑灰色薄-中层状泥质粉砂岩,泥质粉砂岩单层厚度为 5～20 cm,呈薄-中层状,下部单层厚度为 5 cm 左右,向上单层厚度变大,顶部约 20 cm,颗粒大小 0.05～0.1 mm,泥质含量为 20%～30%。发育于台内盆地相泥质盆地亚相。

第 6 层:厚度为 9.44 m,主要为黑灰色中层状泥质粉砂岩与黑色碳质页岩互层。泥质粉砂岩单层厚度为 15～30 cm,呈中层状,向上泥质粉砂岩厚度逐渐变小,颗粒大小为 0.05～0.1 mm,泥质含量为 25%左右,由下向上碳质页岩厚度逐渐增大,在泥质粉砂岩中可见水平层理。发育于台内盆地相泥质盆地亚相。

第 7 层:厚度为 2.32m,主要为黑色薄层状碳质页岩,单层厚度较薄,为 2～8 cm,呈薄层状,部分层段页理较发育。发育于台内盆地相泥质盆地亚相。

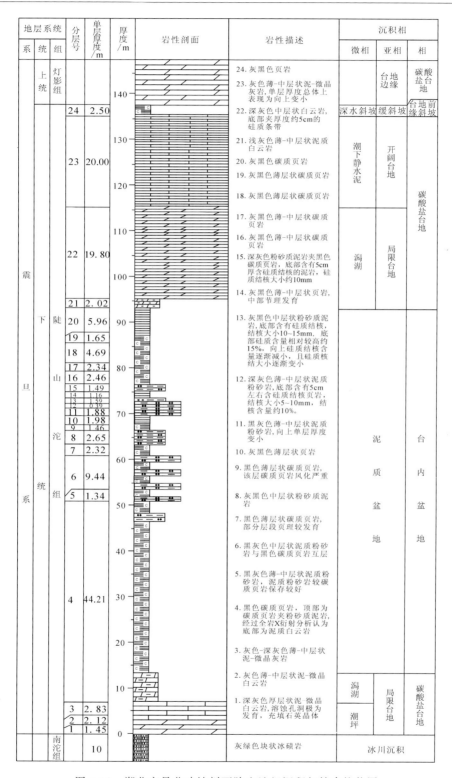

图 3-12　湖北宜昌花鸡坡剖面陡山沱组沉积相综合柱状图

第8层:厚度为 2.65 m,主要为灰黑色中层状粉砂质泥岩,单层厚度较底部大,一般为 20～30 cm,呈中层状,底部页理较发育,上部页理不发育,其颗粒大小为 0.06～0.08 mm,含量约 35%。发育于台内盆地相泥质盆地亚相。

第9层:厚度为 1.46 m,主要为黑色薄层状碳质页岩,单层厚度较薄,为 5～10 cm,呈薄层状,下部页理较发育,上部页理不发育。发育于台内盆地相泥质盆地亚相。

第10层:厚度为 1.98 m,主要为灰黑色薄层状页岩,单层厚度一般小于 10 cm,下部单层厚度较上部更小。页岩性软,但风化不严重,颜色较下部碳质页岩浅,节理不发育。发育于台内盆地相泥质盆地亚相。

第11层:厚度为 1.88 m,主要为黑灰色薄-中层状泥质粉砂岩,泥质粉砂岩单层厚度为 5～50 cm,呈薄-中层状,下部单层厚度约 50 cm,向上单层厚度变小,顶部为 5～8 cm,颗粒大小为 0.05～0.1 mm,泥质含量约 30%,用手触摸手指染黑一般,碳质含量不高,泥质粉砂岩较下部页岩不易风化,保存较好。发育于台内盆地相泥质盆地亚相。

第12层:厚度为 0.39 m,主要为深灰色薄-中层状泥质粉砂岩,岩层的风化面为浅灰色,新鲜面为深灰色,泥质粉砂岩单层厚度为 5～15 cm,呈薄-中层状,底部含有 5 cm 左右含硅质结核页岩,结核大小为 5～10 mm,结核含量约 10%,下部单层厚度 15 cm,向上单层厚度变小,顶部约 5 cm,中部夹黑色薄层状粉砂质页岩,颗粒大小为 0.05～0.1 mm,泥质含量约 35%;用手触摸手指染黑一般,碳质含量不高;泥质粉砂岩较不易风化,保存较好。发育于台内盆地相泥质盆地亚相。

第13层:厚度为 1.59 m,主要为灰黑色中层状粉砂质泥岩,泥质粉砂岩单层厚度一般为 20～25 cm,呈中层状,底部含有硅质结核,结核大小为 10～15 mm,底部硅质含量相对较高,约 15%,向上硅质结核含量逐渐减小,且硅质结核大小逐渐变小,粉砂质颗粒大小为 0.05～0.1 mm,泥质含量约 30%;用手触摸手指染黑一般,碳质含量不高。发育于台内盆地相泥质盆地亚相。

第14层:厚度为 1.16 m,主要为灰黑色薄-中层状页岩,岩层的风化面为深灰色,新鲜面为灰黑色,上部和下部节理不发育,中部节理发育;单层厚度较小,一般为 5～30 cm,呈薄-中层状,下部单层厚度较上部更小;页岩性软,但风化不严重,颜色较下部碳质页岩浅,用手触摸手指染黑一般,碳质含量不高。发育于台内盆地相泥质盆地亚相。

第15层:厚度为 1.49 m,主要为深灰色粉砂质泥岩夹黑色碳质页岩,单层厚度较小,一般为 5～30 cm,呈薄-中层状,底部含有 5 cm 厚含硅质结核的泥岩,硅质结核大小约 10 mm;粉砂质泥岩性硬,不易风化,颜色较碳质页岩浅,用手触摸手指染黑一般,碳质含量不高。黑色碳质页岩夹层厚度较小,约 5 cm,用手触摸手指染黑严重。发育于台内盆地相泥质盆地亚相。

第16层:厚度为 2.46m,主要为灰黑色薄-中层状碳质页岩,单层厚度较厚,为 5～20 cm,呈薄-中厚层状,下部页理不发育,上部页理极为发育;碳质页岩性软,易风化,颜色很深,主要为黑色,用手触摸后手指染黑严重。发育于台内盆地相泥质盆地亚相。

第17层:厚度为 2.34 m,主要为灰黑色薄-中层状碳质页岩,单层厚度较薄,为 2～

20 cm,呈薄-中层状,下部页理不发育,碳质页岩性软,易风化,颜色很深,主要为黑色,用手触摸后手指染黑严重。发育于台内盆地相泥质盆地亚相。

第 18 层:厚度为 4.69 m,主要为灰黑色薄层状碳质页岩,单层厚度一般小于 10 cm,该层页理极为发育;碳质页岩性软,易风化,颜色很深,主要为黑色,用手触摸后手指染黑严重。发育于台内盆地相泥质盆地亚相。

第 19 层:厚度为 1.65 m,主要为灰黑色薄层状碳质页岩,岩层的风化面为灰白色,新鲜面为灰黑色,该层碳质页岩风化严重;单层厚度较薄,为 5～10 cm,呈薄层状,该层页理极为发育;碳质页岩性软,易风化,颜色很深,主要为黑色,用手触摸后手指染黑严重。发育于台内盆地相泥质盆地亚相。

第 20 层:厚度为 5.96 m,主要为灰黑色碳质页岩,由于本层碳质含量较高,特别容易风化,因此覆盖较严重,出露不完整,但底部可见,用手触摸后手指染黑严重。发育于台内盆地相泥质盆地亚相。

第 21 层:厚度为 2.02 m,主要为浅灰色薄-中层状碳质页岩,单层厚度较薄,为 5～20 cm,呈薄中层状;泥质白云岩不易风化,颜色较浅,由下向上单层厚度减薄,底部泥质含量较上部更高。发育于局限台地亚相潟湖微相。

第 22 层:厚度为 19.80 m,主要为深灰色中层状白云岩,单层厚度较薄,为 10～20 cm,呈中层状;底部为中层状白云岩夹厚度约 5cm 的硅质条带,白云岩不易风化,滴稀盐酸微弱起泡,粉末状起泡强烈。发育于局限台地亚相潟湖微相。

第 23 层:厚度为 20.00 m,主要为深灰色薄-中层状泥微晶灰岩,单层厚度较薄,为 5～20 cm,呈薄-中层状;底部为中层状泥微晶灰岩,单层厚度总体上表现为向上变小;泥微晶灰岩不易风化,滴稀盐酸剧烈起泡。发育于开阔台地亚相潮下静水泥微相。

第 24 层:厚度为 2.50 m,主要为灰黑色页岩,页岩单层厚度小,为 1～5 cm,呈薄层状,较易风化;本层风化覆盖相当严重,但顶底和上、下层分界清楚;相关部门对其进行加固施工,以防止上覆坚固的白云岩整体滑动形成的地质灾害。发育于台地前缘斜坡相缓斜坡亚相深水缓坡微相。

通过对宜昌花鸡坡剖面下震旦统陡山沱组的沉积相分析表明,该剖面主要岩石类型为泥-微晶白云岩及深色页岩,具有明显的“两白两黑”特征,自下而上依次发育碳酸盐台地-台内盆地-碳酸盐台地-台地前缘斜坡相。深色页岩层段主要发育于陡山沱组中下部的 4～20 层,为台内盆地相泥质盆地微相,顶部发育 2.5 m 厚的碳质页岩,为台地前缘斜坡相。

(二) 湖南张家界大坪剖面

该剖面陡山沱组地层发育齐全,保存较完好,其底界与下伏南沱组的界线不明显,其上与灯影组灰色硅质白云岩界线清楚。细分为 10 层,共 189.0 m(图 3-13)。

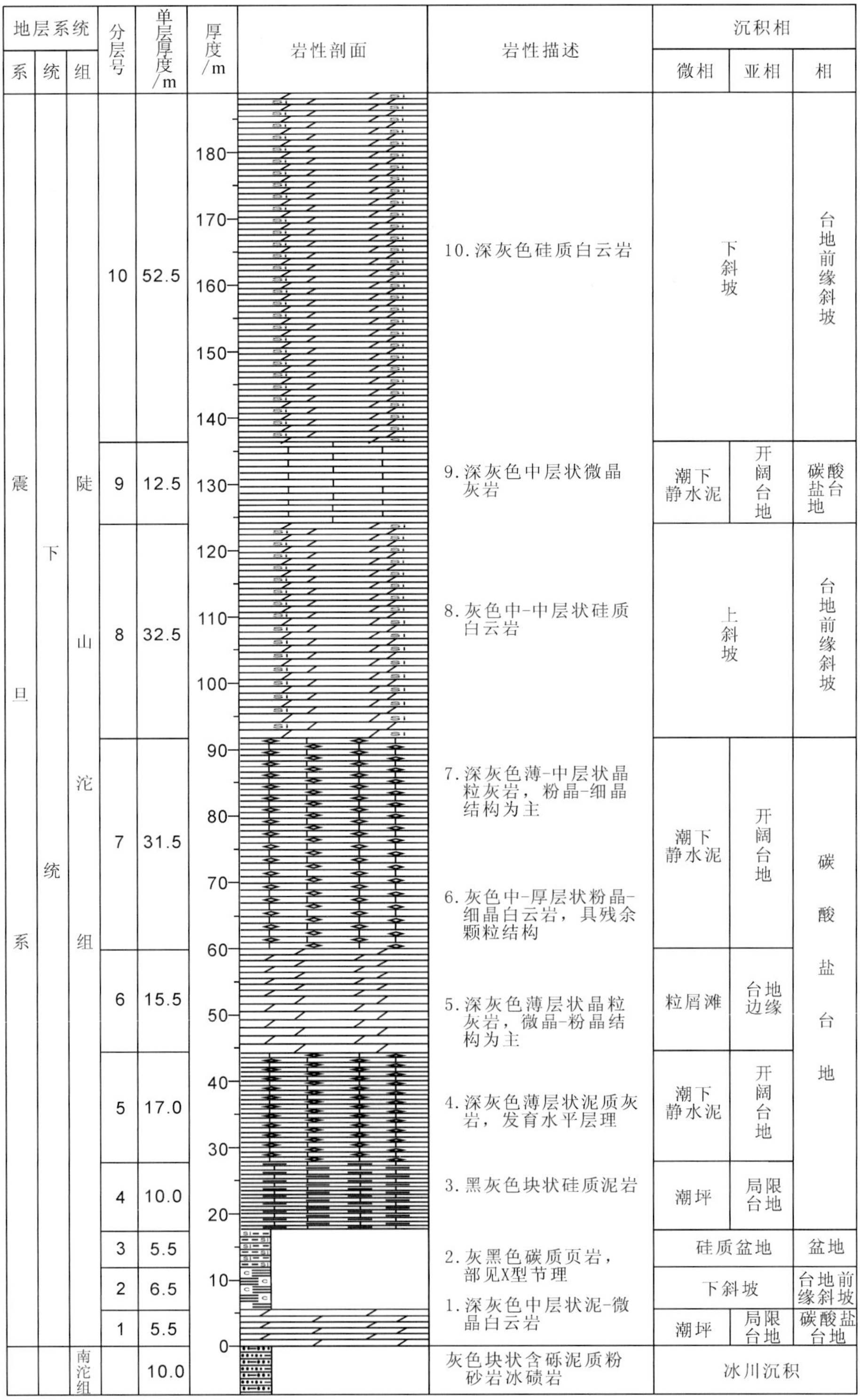

地层系统			分层号	单层厚度/m	厚度/m	岩性剖面	岩性描述	沉积相		
系	统	组						微相	亚相	相
震旦系	下统	陡山沱组	10	52.5			10.深灰色硅质白云岩	下斜坡		台地前缘斜坡
			9	12.5			9.深灰色中层状微晶灰岩	潮下静水泥	开阔台地	碳酸盐台地
			8	32.5			8.灰色中-中层状硅质白云岩	上斜坡		台地前缘斜坡
			7	31.5			7.深灰色薄-中层状晶粒灰岩，粉晶-细晶结构为主 6.灰色中-厚层状粉晶-细晶白云岩，具残余颗粒结构	潮下静水泥	开阔台地	碳酸盐台地
			6	15.5			5.深灰色薄层状晶粒灰岩，微晶-粉晶结构为主	粒屑滩	台地边缘	
			5	17.0			4.深灰色薄层状泥质灰岩，发育水平层理	潮下静水泥	开阔台地	
			4	10.0			3.黑灰色块状硅质泥岩	潮坪	局限台地	
			3	5.5			2.灰黑色碳质页岩，部见X型节理	硅质盆地		盆地
			2	6.5				下斜坡		台地前缘斜坡
			1	5.5			1.深灰色中层状泥-微晶白云岩	潮坪	局限台地	碳酸盐台地
		南沱组		10.0			灰色块状含砾泥质粉砂岩冰碛岩	冰川沉积		

图 3-13　湖南张家界大坪剖面陡山沱组沉积相综合柱状图

第1层:厚度为 5.5 m,为深灰色薄层状泥-微晶白云岩,溶蚀孔洞较发育,偶见微裂缝,被方解石充填,整体水体较浅。发育于局限台地亚相潮坪微相。

第2层:厚度为 6.5 m,为灰黑色碳质页岩,页理较发育,局部见 X 型节理,为深水低能沉积。发育于台地前缘斜坡相下斜坡微相。

第3层:厚度为 5.5 m,为黑灰色块状硅质泥岩,发育水平层理,水动力条件较弱环境产物。发育于硅质盆地微相。

第4层:厚度为 10.0 m,为深灰色薄层泥质灰岩,泥质含量较高,约为 30%,无亮晶胶结结构。发育于局限台地亚相潮坪微相。

第5层:厚度为 17.0 m,为深灰色薄层状晶粒灰岩,微晶-粉晶结构,单层厚度为 50 mm,泥质含量相对很低,约 5%,晶粒大小多为 0.02~0.2 mm。发育于开阔台地亚相潮下静水泥微相。

第6层:厚度为 15.5 m,为灰色中-厚层状粉晶-细晶白云岩,具残余颗粒结构,水体较浅,水动力条件较强。发育于台地边缘亚相粒屑滩微相。

第7层:厚度为 31.5 m,为深灰色薄-中层状晶粒灰岩,粉晶-微晶结构为主,发育水平层理,无生物化石,为低能环境。发育于开阔台地亚相潮下静水泥微相。

第8层:厚度为 32.5 m,灰色薄-中层状硅质白云岩,单层厚度为 20~60 cm,硅质含量较高,约 25%。发育于台地前缘斜坡相上斜坡亚相。

第9层:厚度为 12.5 m,为深灰色中层状微晶灰岩。发育于开阔台地亚相潮下静水泥微相。

第10层:厚度为 52.5 m,为深灰色硅质白云岩,硅质含量较高,不易风化,风化后常呈尖角状,深水沉积环境。发育于台地前缘斜坡相下斜坡亚相。

通过对张家界大坪剖面下震旦统陡山沱组的沉积相分析表明,岩性主要为碳酸盐台地相晶粒灰岩和台地前缘斜坡相硅质云岩沉积,深色碳质页岩层段主要发育于陡山沱组下部,为台地前缘斜坡相下斜坡亚相沉积。

(三)湖北鹤峰白果坪剖面

该剖面下震旦统陡山沱组地层发育齐全,沉积厚度为 203.0 m,但由于风化覆盖严重,底部只可见泥质白云岩,中上部覆盖严重,与上覆灯影组的界线不明显(图 3-14)。

第1层:厚度为 26.5 m,为灰色泥质白云岩,单层厚度为 20~40 cm,泥质含量较高,约 30%,反映了该类岩石沉积时水体很浅,海水循环受到限制沉积环境。发育于局限台地亚相潮坪微相。

第2层:厚度为 81.5 m,为黑色碳质页岩,页理较发育,单层厚度较薄,性软,易风化,污手。发育于泥质盆地亚相。

第3层:厚度为 62.0 m,为灰黑色碳质泥岩,呈中-厚层状,性软,易风化。发育于泥质盆地亚相。

第4层:厚度为 33.0 m,为黑色碳质页岩,发育水平层理。发育于泥质盆地亚相。

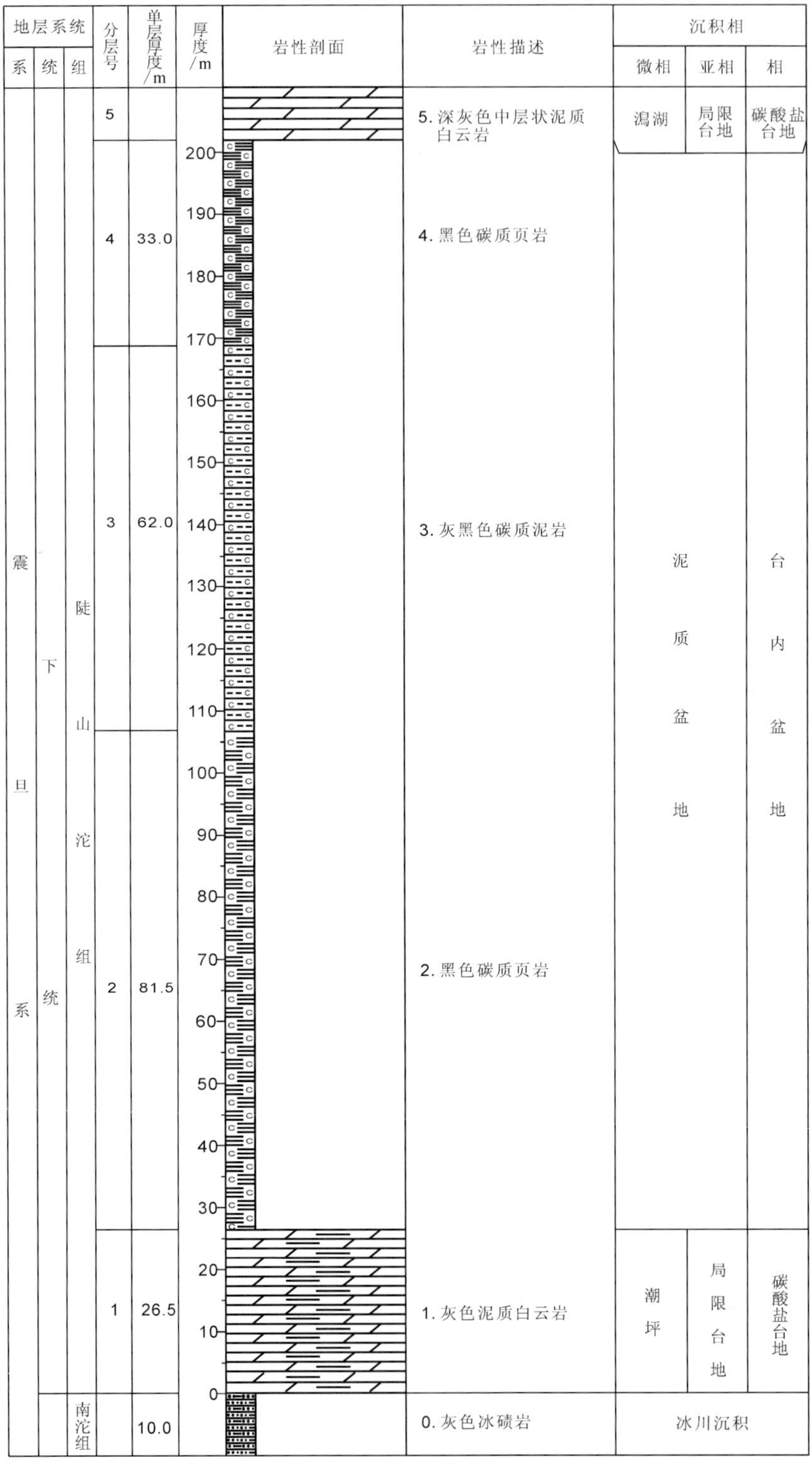

地层系统			分层号	单层厚度/m	厚度/m	岩性剖面	岩性描述	沉积相		
系	统	组						微相	亚相	相
震旦系	下统	陡山沱组	5				5. 深灰色中层状泥质白云岩	潟湖	局限台地	碳酸盐台地
			4	33.0			4. 黑色碳质页岩	泥质盆地		台内盆地
			3	62.0			3. 灰黑色碳质泥岩			
			2	81.5			2. 黑色碳质页岩			
			1	26.5			1. 灰色泥质白云岩	潮坪	局限台地	碳酸盐台地
		南沱组		10.0			0. 灰色冰碛岩	冰川沉积		

图 3-14　湖北鹤峰白果坪剖面陡山沱组沉积相综合柱状图

第5层:厚度大于 10 m,为深灰色中层状泥质白云岩,单层厚度为 10～30 cm,泥质含量很高,约 40%,晶粒多为 0.004～0.009 mm,无亮晶胶结。发育于局限台地亚相潟湖微相。

通过对鹤峰白果坪剖面下震旦统陡山沱组的沉积相分析表明,自下而上依次发育碳酸盐台地相、台内盆地相和碳酸盐台地相,以台内盆地相为主,是富有机质页岩发育段,连续沉积厚度大。

(四) 湖南永顺王村剖面

该剖面陡山沱组地层发育齐全出露较好,底界与下伏南沱组的界线未见,断裂较为复杂,下部地层出露不全,覆盖较严重。将其分为 9 层,共 102.0 m(图 3-15)。

第1层:厚度为 4.5 m,为灰质砂质白云岩,单层厚度为 20～60 cm,砂质含量较高,约 30%,砂质粒级为 0.02～0.1 mm,不易风化,该类岩石沉积时水体很浅,海水循环受到限制沉积环境,碎屑物源较充足。发育于局限台地亚相混积潮坪微相。

第2层:厚度为 16.5 m,为灰色薄-中层状泥晶-微晶白云岩,灰质白云岩,灰质含量较高,约 40%,泥质含量较少,约 5%。发育于局限台地亚相潮坪微相。

第3层:厚度为 7.5 m,为灰绿色页岩,页理较发育,单层厚度较薄,处还原环境,水体较深。发育于台地前缘斜坡相浅水缓坡微相。

第4层:厚度为 6.5 m,下部为灰色白云岩,上部为黑色页岩,水体变深,碳质含量增多。发育于台地前缘斜坡相深水缓坡微相。

第5层:厚度为 13.0 m,为黑灰色薄-中层状微晶灰岩,单层厚度为 10～60 mm,泥质含量较高,约 20%。发育于台地前缘斜坡相浅水缓坡微相。

第6层:厚度为 16.5 m,为灰色中-厚层状砂屑白云岩,主要为灰色中层状砂屑白云岩,单层厚度为 20～50 cm,砂屑含量较高,约 35%,砂质粒级为 0.02～0.1 mm,该类岩石沉积时水体较浅,水动力条件较强。发育于台地边缘亚相粒屑滩微相。

第7层:厚度为 18.5 m,为黑灰色泥岩、碳质泥质,裂缝发育,大多呈开启状态,充填物以黄铁矿为主。水动力较弱,水体较深。发育于台地前缘斜坡相深水缓坡微相。

第8层:厚度为 9.0 m,为灰色碳质页岩,单层厚度较薄,性软,易风化,污手,应属水体很深,能量很弱的深水缓坡微相。

第9层:厚度为 10.0 m,为黑灰色砂质页岩,风化覆盖较严重,风化后的颜色为深灰色,砂质含量不高,约 20%。发育于台地前缘斜坡相浅水缓坡微相。

通过对永顺王村剖面下震旦统陡山沱组的沉积相分析表明,碳酸盐台地相与台地边缘相交替出现,其中黑色碳质泥岩主要发育于陡山沱组上部,为台地前缘斜坡相深水缓坡微相沉积。

二、牛蹄塘组典型剖面沉积相分析

(一) 湖南张家界大坪剖面

该剖面下寒武统牛蹄塘组发育齐全,保存较完好,出露较好。其与下伏上震旦统灯影组为一平行不整合界面,界面之上为碳质、灰质页岩,界面之下为微晶白云岩;与上覆杷榔

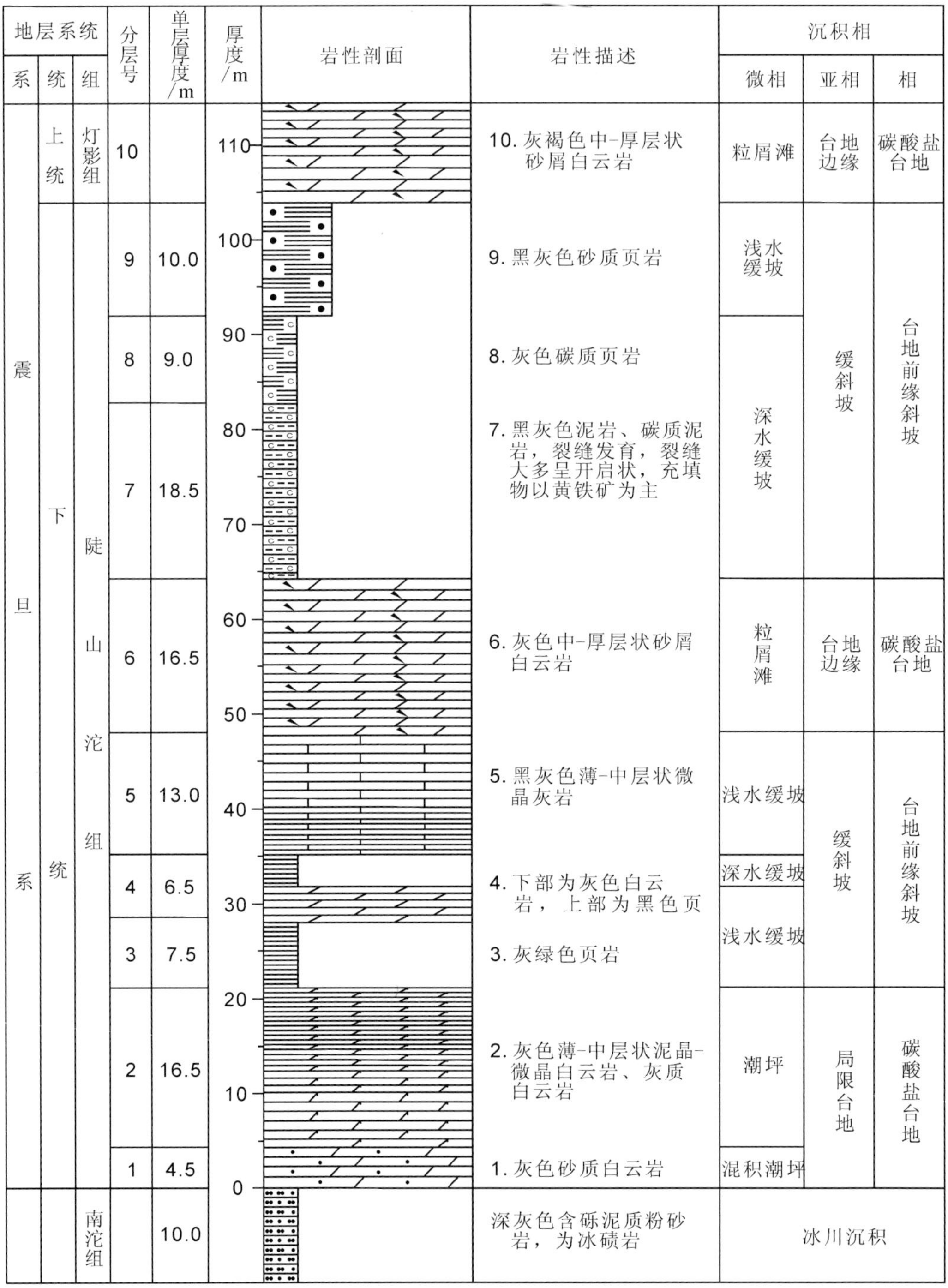

地层系统			分层号	单层厚度/m	厚度/m	岩性剖面	岩性描述	沉积相		
系	统	组						微相	亚相	相
震旦系	上统	灯影组	10		110		10.灰褐色中-厚层状砂屑白云岩	粒屑滩	台地边缘	碳酸盐台地
	下统	陡山沱组	9	10.0	100		9.黑灰色砂质页岩	浅水缓坡	缓斜坡	台地前缘斜坡
			8	9.0	90		8.灰色碳质页岩			
			7	18.5	80 / 70		7.黑灰色泥岩、碳质泥岩，裂缝发育，裂缝大多呈开启状，充填物以黄铁矿为主	深水缓坡		
			6	16.5	60 / 50		6.灰色中-厚层状砂屑白云岩	粒屑滩	台地边缘	碳酸盐台地
			5	13.0	40		5.黑灰色薄-中层状微晶灰岩	浅水缓坡	缓斜坡	台地前缘斜坡
			4	6.5	30		4.下部为灰色白云岩，上部为黑色页	深水缓坡		
			3	7.5			3.灰绿色页岩	浅水缓坡		
			2	16.5	20 / 10		2.灰色薄-中层状泥晶-微晶白云岩、灰质白云岩	潮坪	局限台地	碳酸盐台地
			1	4.5	0		1.灰色砂质白云岩	混积潮坪		
	南沱组			10.0			深灰色含砾泥质粉砂岩，为冰碛岩	冰川沉积		

图 3-15　湖南永顺王村剖面陡山沱组沉积相综合柱状图

组呈整合接触(图 3-16)。

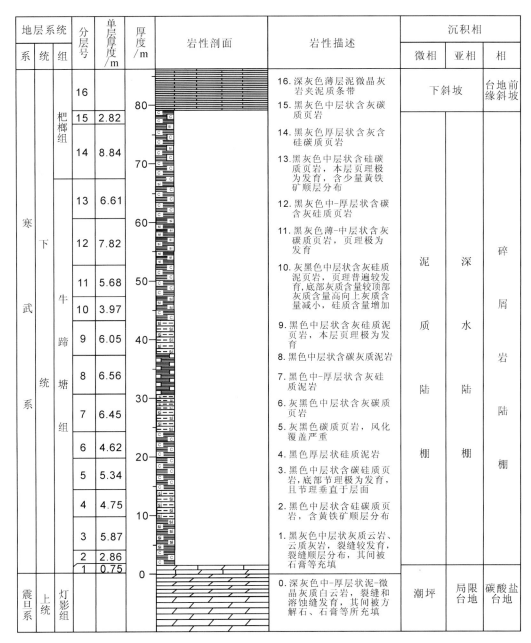

地层系统			分层号	单层厚度/m	厚度/m	岩性剖面	岩性描述	沉积相		
系	统	组						微相	亚相	相
寒武系	下统	杷榔组	16				16.深灰色薄层泥微晶灰岩夹泥质条带	下斜坡		台地前缘斜坡
			15	2.82			15.黑灰色中层状含灰碳质页岩			
			14	8.84			14.黑灰色厚层状含灰含硅碳质页岩			
							13.黑灰色中层状含硅碳质页岩,本层页理极为发育,含少量黄铁矿顺层分布			
		牛蹄塘组	13	6.61			12.黑灰色中-厚层状含碳含灰硅质页岩	泥质页岩	深水	碎屑岩
			12	7.82			11.黑灰色薄-中层状含灰碳质页岩,页理极为发育			
			11	5.68			10.灰黑色中层状含灰硅质页岩,页理普遍较发育,底部灰质含量较顶部灰质含量高向上灰质含量减小,硅质含量增加		水陆	
			10	3.97			9.黑色中层状含灰硅质泥页岩,本层页理极为发育	质		
			9	6.05			8.黑色中层状含碳灰质泥岩			陆
			8	6.56			7.黑色中-厚层状含灰硅质泥岩	陆	陆	
			7	6.45			6.灰黑色中层状含灰碳质页岩			棚
			6	4.62			5.灰黑色碳质页岩,风化覆盖严重		棚	
			5	5.34			4.黑色厚层状硅质泥岩	棚		
			4	4.75			3.黑色中层状含碳硅质页岩,底部节理极为发育,且节理垂直于层面			
			3	5.87			2.黑色中层状含硅碳质页岩,含黄铁矿顺层分布			
			2	2.86			1.黑灰色中层状灰质云岩、云质灰岩,裂缝较发育,裂缝顺层分布,其间被石膏等充填			
			1	0.75						
震旦系	上统	灯影组	0				0.深灰色中-厚层状泥-微晶灰质白云岩,裂缝和溶蚀缝发育,其间被方解石、石膏等所充填	潮坪	局限台地	碳酸盐台地

图 3-16　湖南张家界大坪剖面牛蹄塘组沉积相综合柱状图

　　该剖面牛蹄塘组厚度为 67.33 m,自下而上依次发育黑灰色中层状白云质灰岩,黑色、灰黑色的碳质、灰质泥页岩,碳质含量较高,污手,偶见水平层理。白云质灰岩风化面为深灰色,新鲜面为黑灰色,单层厚度较大为 40～50 cm,呈中层状,裂缝较发育其间常被石膏、方解石等所充填。碳质页岩风化较严重,风化面为深灰色,新鲜面为灰黑色,单层厚度为 3～5 cm,呈薄层状,部分层段页理较发育,性软,易风化,裂缝不发育,用手触摸后手指染黑。灰质页岩较碳质页岩单层厚度大,性硬,不易风化。

第1层:厚度为0.75 m,主要为灰黑色中层状灰质云岩、云质灰岩;岩层的风化面为深灰色,新鲜面为灰黑色;单层厚度为40～50 cm,呈中层状;裂缝较发育,其间为石膏等所充填,偶见水平层理。发育于局限台地亚相潮坪微相。

第2层:厚度为2.86 m,主要为黑色中层状含硅碳质页岩;单层厚度较薄,为10～15 cm,呈薄层状,部分层段页理较发育;该层的含硅碳质页岩性较软,易风化,部分含碳高层段风化后呈现灰白色,含少量黄铁矿顺层分布。发育于深水陆棚亚相泥质陆棚微相。

第3层:厚度为5.87 m,主要为黑色中层状含碳硅质页岩;岩层的风化面为深灰色,新鲜面为黑色;单层厚度一般为10～70 cm,呈中-厚层状,底部节理极为发育,且节理垂直于层面;含碳硅质页岩性硬,颜色很深,主要为黑色,用手触摸后手指染黑不严重,黄铁矿不发育,顶部泥质含量较底部较高一些。发育于深水陆棚亚相泥质陆棚微相。

第4层:厚度为4.75 m,主要为黑色厚层硅质泥岩;岩层的风化面为黑灰色,新鲜面为黑色,页理不发育;单层厚度较大,一般为50～60 cm,呈厚层状;含硅质泥岩性硬,不易风化,风化后常呈现尖角状,风化面上灰质含量高,顺层面滴稀盐酸剧烈起泡,斜交层面滴稀盐酸微弱起泡,垂直层面滴稀盐酸冒泡很微弱。发育于深水陆棚亚相泥质陆棚微相。

第5层:厚度为5.34 m,主要为灰黑色碳质页岩;岩层的风化面为深灰色,新鲜面为灰黑色,该层碳质页岩风化覆盖严重;单层厚度较薄,为2～8 cm,呈薄层状,部分层段页理较发育,局部地区含方解石脉;含碳质页岩性软,易风化,颜色很深,主要为黑色,用手触摸后手指染黑严重。发育于深水陆棚亚相泥质陆棚微相。

第6层:厚度为4.62 m,主要为灰黑色中层状含灰碳质页岩夹薄层碳质页岩;岩层的风化面为深灰色,新鲜面为灰黑色;单层厚度一般为10～40 cm,呈中层状,页理较发育;含灰碳质页岩性软,易风化,颜色很深,主要为灰黑色,用手触摸后手指染黑严重;风化面上灰质含量高,顺层面滴稀盐酸剧烈起泡,斜交层面滴稀盐酸微弱起泡,垂直层面滴稀盐酸冒泡很较弱;底部灰质含量较顶部灰质含量高。发育于深水陆棚亚相泥质陆棚微相。

第7层:厚度为6.45 m,主要为黑色中-厚层状含灰硅质泥岩;岩层的风化面为灰黑色,新鲜面为黑色;单层厚度一般为20～70 cm,呈中-厚层状,页理较发育,部分层段页理极为发育;含灰硅质泥岩性硬,不易风化,颜色很深,主要为黑色,风化面上灰质含量高,顺层面滴稀盐酸剧烈起泡,斜交层面滴稀盐酸微弱起泡,垂直层面滴稀盐酸冒泡很较弱;底部灰质含量较顶部灰质含量高向上灰质含量减小。发育于深水陆棚亚相泥质陆棚微相。

第8层:厚度为6.56 m,主要为黑色中层状含碳灰质泥页岩;岩层的风化面为灰黑色,新鲜面为黑色;单层厚度一般为40～60 cm,呈中-厚层状,上、下层页理极为发育,中间层段页理不是很发育;含碳灰质泥岩性软,易风化,颜色很深,主要为灰黑色,用手触摸后手指染黑严重;风化面上灰质含量高,顺层面滴稀盐酸剧烈起泡,倾斜层面滴稀盐酸剧烈起泡,垂直层面滴稀盐酸冒泡剧烈;底部灰质含量较顶部灰质含量较低向上灰质含量增加。发育于深水陆棚亚相泥质陆棚微相。

第9层:厚度为6.05 m,主要为黑色中层状含灰硅质泥页岩;岩层的风化面为灰黑色,新鲜面为黑色;单层厚度为 20～40 cm,呈中层状,页理极为发育;含灰硅质泥页岩性硬,不易风化,颜色很深,用手触摸新鲜岩石样品不染手;风化面上灰质含量高,顺层面滴稀盐酸剧烈起泡,倾斜层面滴稀盐酸微弱起泡,垂直层面滴稀盐酸冒泡很较弱;底部灰质含量较顶部灰质含量高向上灰质含量减小。发育于深水陆棚亚相泥质陆棚微相。

第 10 层:厚度为 3.97 m,主要为灰黑色中层状含灰硅质泥页岩;岩层的风化面为灰黑色,新鲜面为黑色;单层厚度为 20～40 cm,呈中层状,页理普遍较发育;含灰硅质泥页岩性硬,不易风化,颜色很深,风化后呈尖角状,风化面上灰质含量高,顺层面滴稀盐酸剧烈起泡,倾斜层面滴稀盐酸微弱起泡,垂直层面滴稀盐酸冒泡很较弱;底部灰质含量较顶部灰质含量高向上灰质含量减小,硅质含量增加。发育于深水陆棚亚相泥质陆棚微相。

第 11 层:厚度为 5.68 m,主要为黑灰色薄-中层状含灰碳质页岩;岩层的风化面为深灰色,新鲜面为黑灰色;单层厚度一般为 5～25 cm,呈薄-中层状,页理极为发育;含灰碳质页岩性软,易风化,颜色很深,主要为黑灰色,用手触摸后手指染黑严重;风化面上灰质含量高,顺层面滴稀盐酸剧烈起泡,斜交层面滴稀盐酸微弱起泡,垂直层面滴稀盐酸冒泡很较弱;底部灰质含量较顶部灰质、碳质含量低;风化较严重,风化后碳质呈灰白色。发育于深水陆棚亚相泥质陆棚微相。

第 12 层:厚度为 7.82m,主要为黑灰色中层状含碳硅质页岩;岩层的风化面为深灰色,新鲜面为黑灰色;单层厚度较薄,为 10～30 cm,呈中-厚层状,页理不发育;含碳硅质页岩性硬,不易风化,风化后常呈尖角状,颜色很深,主要为黑灰色,用手触摸后手指染黑不严重,黄铁矿不发育,顶部泥质含量和碳质含量较底部较高一些。发育于深水陆棚亚相泥质陆棚微相。

第 13 层:厚度为 6.61 m,主要为灰黑色中层状含硅碳质页岩;岩层的风化面为深灰色,新鲜面为灰黑色;单层厚度一般为 20～40 cm,呈中层状,页理极为发育;含硅碳质页岩性较软,易风化,部分含碳高层段风化后呈现灰白色,像炭烧过留下的炭灰,裂缝不发育,颜色很深,用手触摸后手指染黑色,含少量黄铁矿顺层分布,顶部泥质含量和碳质含量较底部较高。发育于深水陆棚亚相泥质陆棚微相。

杷榔组底部(14～15 层):为灰黑色泥质碳质页岩;岩层的风化面为灰黑色,新鲜面为黑色;单层厚度较薄,为 2～6 cm,呈薄层状,页理不是很发育;碳质页岩性软,易风化,颜色很深,主要为灰黑色,用手触摸后手指染成黑色,断面颜色呈条带状,黑灰色与灰黑色互层,其中灰黑色泥质含量较高一些;常见水平层理。发育于深水陆棚亚相泥质陆棚微相。

通过对张家界大坪剖面下寒武统牛蹄塘组的沉积相分析表明,主要为深水陆棚亚相沉积,岩性以黑色碳质泥页岩为主,含灰质、硅质等,连续沉积厚度大。

(二) 湖南永顺王村剖面

该剖面下寒武统牛蹄塘组发育齐全,保存较完好,出露较好。其与下伏上震旦统灯影组为一平行不整合界面,界面之上为黑色碳质泥岩,界面之下为深灰色微晶石灰岩;与上覆杷榔组呈整合接触。该剖面牛蹄塘组厚度为 115.5 m,自下而上依次发育黑色碳质泥岩,黑灰色泥岩、碳质泥岩,黑色、灰黑色碳质页岩,碳质含量较高,污手,沉积构造单一。黑色碳质泥岩与下伏深灰色微晶石灰岩相区别,岩石风化面为深灰色,新鲜面为黑色,单层厚度较薄,为5～20 cm,呈薄-中层状,部分层段含粉砂质。碳质泥岩性软,易风化,污手,可见少量的水平层理。黑色泥岩的风化面为深灰色,新鲜面为黑灰色泥岩,单层厚度一般为10～20 cm,呈中层状,局部层段含粉砂质。其上部沉积了黑灰色碳质页岩,页岩风化面为黑灰色,新鲜面为黑色。单层厚度很薄,为1～3 cm,呈薄层状,部分层段页理较发育(图3-17)。

第1层:厚度为3.0 m,为灰黑色、灰色碳质泥岩;岩层的风化面为深灰色,新鲜面为黑灰色;单层厚度较薄,为5～20 cm,呈薄-中层状,部分层段含有粉砂质,含碳质泥岩性软,一捏就粉,易风化,颜色很黑,用手触摸后手指染黑色,本层与上、下层界线明显,但风化覆盖较严重,沉积构造主要有水平层理。发育于深水陆棚亚相碳质陆棚微相。

第2层:厚度为32.5 m,为灰黑色、灰色泥岩、碳质泥岩;岩层的风化面为深灰色,新鲜面为黑灰色;泥岩单层厚度一般为5～20 cm,呈薄-中层状,局部层段含有粉砂质;含碳质泥岩性软,易风化,颜色很黑,用手触摸后手指染黑色,本层与上、下层界线明显,出露较好但风化较严重,沉积构造主要发育水平层理。发育于深水陆棚亚相碳质陆棚微相。

第3层:厚度为80.0 m,主要为黑灰色页岩、碳质页岩;岩层的风化面为黑灰色,新鲜面为黑色;单层厚度较薄,为1～3 cm,呈薄层状,部分层段页理较发育;含碳质页岩性软,易风化,裂缝不发育,颜色很黑,用手触摸后手指染黑色,下部为碳质页岩,上部为黑色页岩,含碳量相对下部小,本层与上、下层界线明显,但风化覆盖相当严重,整层断续出现。发育于深水陆棚亚相碳质陆棚微相。

杷榔组底部(4层):为黑灰色灰质页岩;岩层的风化面为深灰色,新鲜面为黑灰色;单层厚度较薄,为2～6 cm,呈薄层状,部分层段页理较发育;含灰质页岩性硬,不易风化,颜色很深,主要为黑灰色,风化覆盖较严重,整层断续出露;沉积构造发育水平层理。发育于深水陆棚亚相泥质陆棚微相。

通过对永顺王村剖面下寒武统牛蹄塘组的沉积相分析表明,岩性组合较为单一,主要为黑色碳质泥页岩,连续沉积厚度大,为碎屑岩陆棚的深水陆棚沉积,有利页岩气储层发育。

(三)湖南石门杨家坪剖面

该剖面下寒武统木昌组(相当于牛蹄塘组)发育齐全,保存完好,但风化覆盖相当严重。其与下伏上震旦统灯影组为一平行不整合界面,界面之上为黑色、灰黑色碳质硅质页岩,界面之下为深灰色中-厚层状泥-微晶白云岩,与上覆石牌组呈整合接触。该剖面木昌组厚度为145.0 m,木昌组主要岩性为黑色、灰黑色的碳质、硅质页岩。碳质页岩风化面为灰黑色,新鲜面为黑色,单层厚度较薄,为1～5 cm,呈薄层状,性软,脆性矿物含量较低;硅质页岩风化面为黑灰色,新鲜面为灰黑色,页理极为发育,性硬,风化后常呈尖角状。整个木昌组沉积构造不发育(图3-18)。

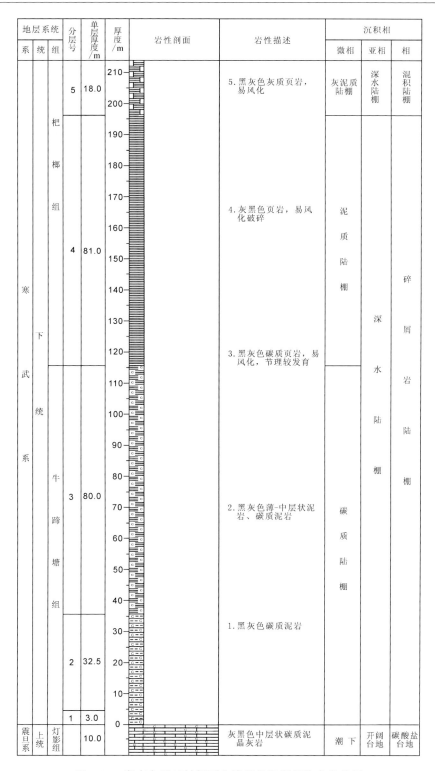

图 3-17　湖南永顺王村剖面牛蹄塘组沉积相综合柱状图

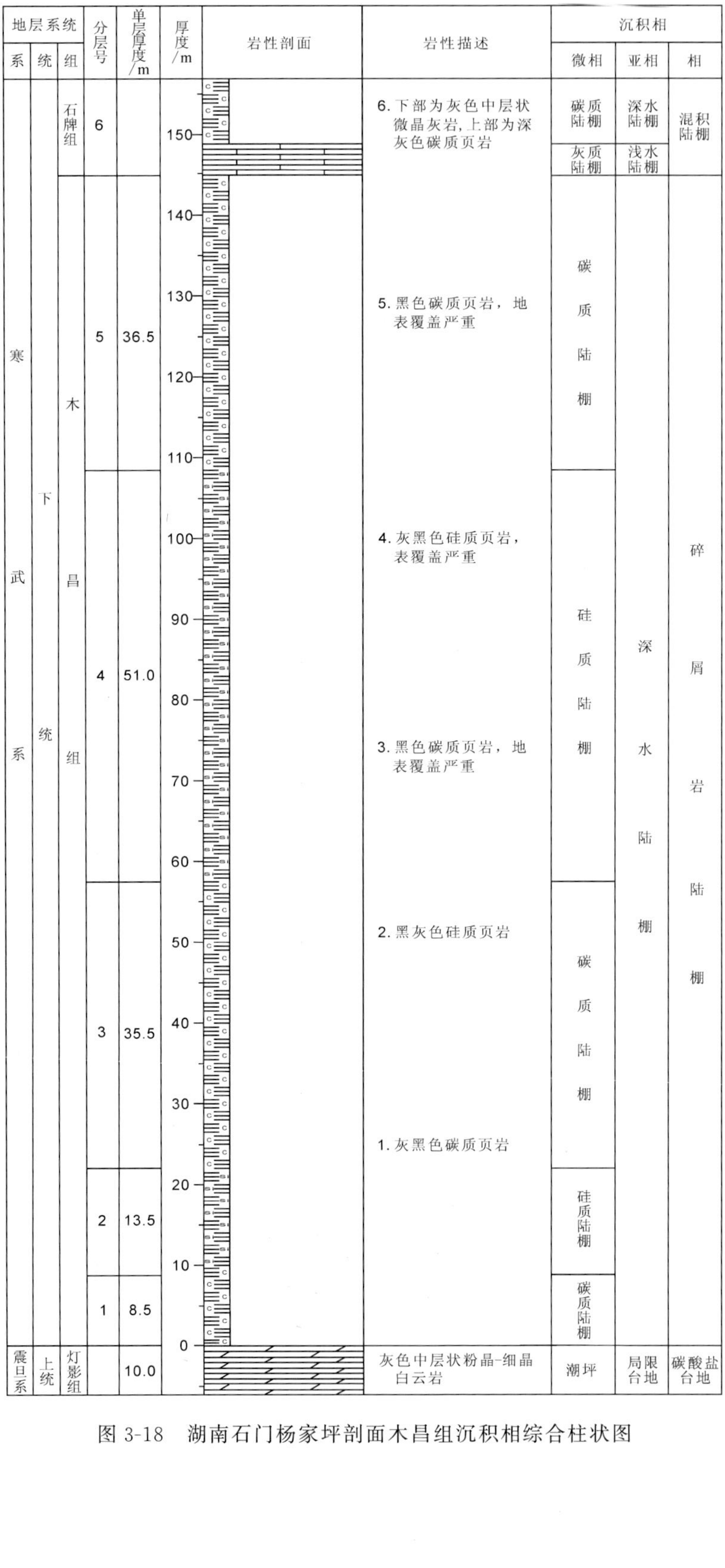

地层系统			分层号	单层厚度/m	厚度/m	岩性剖面	岩性描述	沉积相		
系	统	组						微相	亚相	相
寒武系	下统	石牌组	6		150		6. 下部为灰色中层状微晶灰岩,上部为深灰色碳质页岩	碳质陆棚	深水陆棚	混积陆棚
								灰质陆棚	浅水陆棚	
		木昌组	5	36.5	140 130 120 110		5. 黑色碳质页岩,地表覆盖严重	碳质陆棚	深水陆棚	碎屑岩陆棚
			4	51.0	100 90 80 70 60		4. 灰黑色硅质页岩,表覆盖严重	硅质陆棚		
							3. 黑色碳质页岩,地表覆盖严重			
			3	35.5	50 40 30		2. 黑灰色硅质页岩	碳质陆棚		
							1. 灰黑色碳质页岩			
			2	13.5	20			硅质陆棚		
			1	8.5	10 0			碳质陆棚		
震旦系	上统	灯影组		10.0			灰色中层状粉晶-细晶白云岩	潮坪	局限台地	碳酸盐台地

图 3-18　湖南石门杨家坪剖面木昌组沉积相综合柱状图

灯影组顶部：为深灰色中-厚层状泥-微晶白云岩；岩层的风化面为灰色，新鲜面为深灰色；单层厚度较大，为 10～100 cm，呈中-厚层状；裂缝和溶蚀缝发育，其间被方解石、石膏等所充填。灯影组与木昌组分界出露清楚，界限明显，为一不整合界面，下部地层出露较好。发育于碳酸盐台地相局限台地亚相潮坪微相。

第 1 层：厚度为 8.5 m，为灰黑色碳质页岩；岩层的风化面为黑灰色，新鲜面为灰黑色；单层厚度较薄，为 1～5 cm，呈薄层状，部分层段页理较发育；含碳质页岩性软，性脆，易风化，裂缝不发育，颜色很黑，用手触摸后手指染黑色；本层与上下层界限明显，但风化覆盖较严重，沉积构造主要为水平层理。发育于深水陆棚亚相碳质陆棚微相。

第 2 层：厚度为 13.5 m，为黑灰色碳质页岩；岩层的风化面为深灰色，新鲜面为黑灰色；单层厚度较薄，为 1～8 cm，呈薄层状，部分层段页理较发育；含碳质页岩性软，易风化，裂缝不发育，颜色较深，用手触摸后手指染黑色；风化覆盖较严重，整层断续出露。发育于深水陆棚亚相硅质陆棚微相。

第 3 层：厚度为 35.5 m，为黑色碳质页岩；岩层的风化面为黑灰色，新鲜面为黑色；单层厚度较薄，为 2～5 cm，呈薄层状，部分层段页理较发育；含碳质页岩性软，易风化，裂缝不发育，颜色很黑，用手触摸后手指染黑色；与上下层界限明显，但风化覆盖较严重，沉积构造主要为水平层理。发育于深水陆棚亚相碳质陆棚微相。

第 4 层：厚度为 51.0 m，为灰黑色碳质页岩；岩层的风化面为深灰色，新鲜面为灰黑色；单层厚度较薄，为 2～6 cm，呈薄层状，部分层段页理较发育；含碳质页岩性软，易风化，裂缝不发育，颜色较深，用手触摸后手指染黑色；风化覆盖较严重，整层断续出露。发育于深水陆棚亚相硅质陆棚微相。

第 5 层：厚度为 36.5 m，为黑色碳质页岩；岩层的风化面为黑灰色，新鲜面为黑色，单层厚度较薄，为 2～5 cm，呈薄层状，部分层段页理较发育；含碳质页岩性软，易风化，裂缝不发育，颜色很黑，用手触摸后手指染黑色；与上下层界限明显，但风化覆盖较严重，只断续出露；沉积构造主要为水平层理。发育于深水陆棚亚相碳质陆棚微相。

石牌组底部：主要为灰色中-厚层状微晶灰岩，上部为深灰色碳质页岩；岩层的风化面为灰色，新鲜面也为灰色；底部微晶灰岩单层厚度一般，为 15～70 cm，呈中-厚层状；上部碳质页岩性软，易风化，用手触摸后手指染黑色；底部微晶灰岩段裂缝较为发育，且裂缝大多垂直层面。发育于混积陆棚相。

通过对石门杨家坪剖面下寒武统木昌组的沉积相分析表明，岩性主要为黑色的碳质硅质泥页岩，连续沉积厚度大，为碎屑岩陆棚的深水陆棚沉积，有利页岩气储层发育相带。

（四）湖北宜昌泰山庙剖面

该剖面下寒武统水井沱组发育齐全，保存完好，出露较好。其与下伏上震旦统灯影组为一平行不整合界面，界面之上为深灰色中层状白云质灰岩，界面之下为灰色中层状白云岩；与上覆石牌组呈整合接触。该剖面水井沱组厚度为 40.0 m，水井沱组主要岩性为深灰色中层状石灰岩，顶部夹薄层状泥质粉砂岩。深灰色白云质石灰岩、泥微晶灰岩风化面为灰白色，新鲜面为深灰色，单层厚度较薄，为 10～40 cm，呈中层状，其属于碳酸盐缓坡相的浅水缓坡亚相沉积，中间夹深灰色-灰色泥质条带灰岩，中层状，属碳酸盐缓坡相的深水缓坡亚相沉积。在水井沱晚期，主要发育灰绿色泥质粉砂岩，风化覆盖较严重（图3-19）。

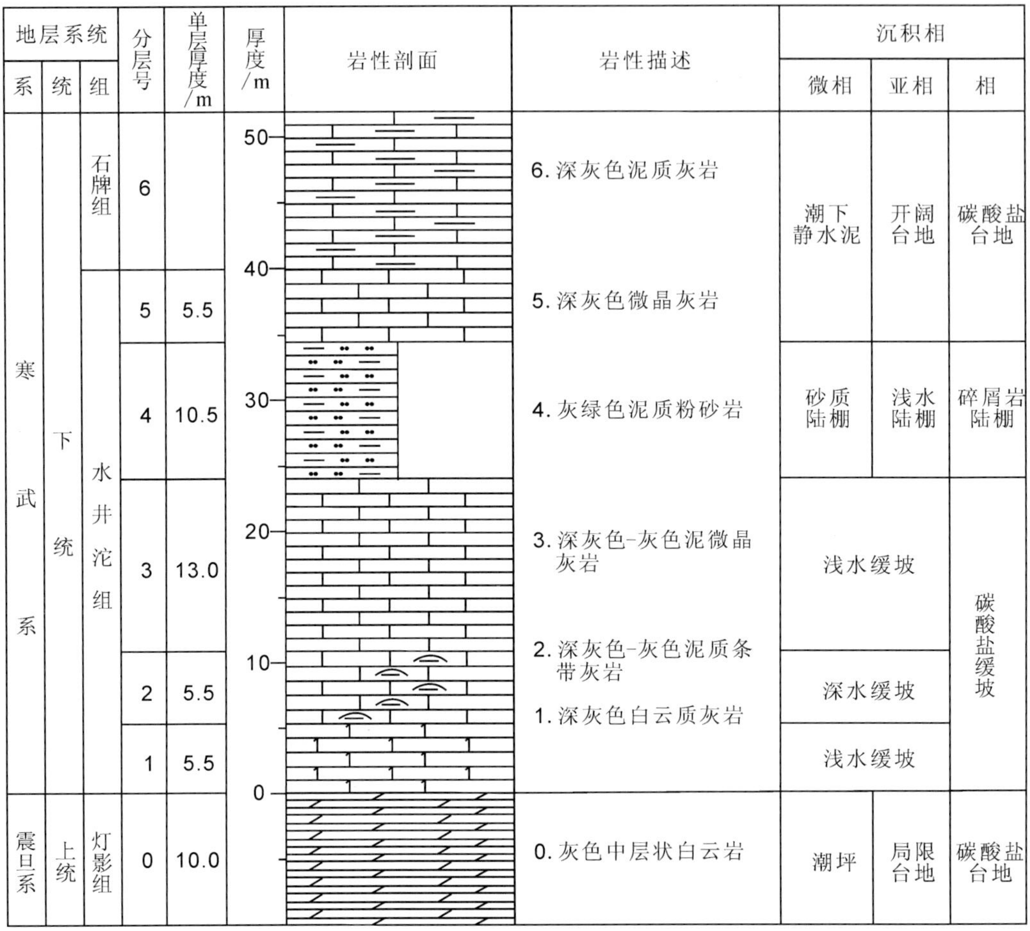

图 3-19　湖北宜昌泰山庙剖面水井沱组沉积相综合柱状图

灯影组顶部：为深灰色中-厚层状泥-微晶白云岩；岩层的风化面为灰色，新鲜面为深灰色；单层厚度较大，为 10～100 cm，呈中-厚层状；裂缝和溶蚀缝发育，其间被方解石、石膏等所充填。发育于碳酸盐台地相局限台地亚相。

第 1 层：厚度为 5.5 m，为灰色中-厚层状深灰色白云质灰岩；岩层的风化面为浅白灰色，新鲜面为灰色；单层厚度较大，为 10～60 cm，呈中-厚层状；裂缝和溶蚀缝发育，其间被方解石、石膏所充填。发育于碳酸盐缓坡相浅水缓坡亚相。

第 2 层：厚度为 5.5 m，为深灰色厚层状泥质条带灰岩；岩层的风化面为灰色，新鲜面为深灰色；单层厚度很大，为 60～150 cm，呈厚层状；裂缝不发育。发育于碳酸盐缓坡相深水缓坡亚相。

第 3 层：厚度为 13.0 m，为深灰色中-厚层状泥-微晶灰岩,；岩层的风化面为灰色，新鲜面为深灰色，单层厚度较小，为 30～60 cm，呈中-厚层状，晶粒较小，为 0.01～0.02 mm，属微晶结构。发育于碳酸盐缓坡相浅水缓坡亚相。

第4层:厚度为10.5 m,为灰绿色中层状泥质粉砂岩;岩层的风化面为灰色,新鲜面为灰绿色;单层厚度较大,为10～100 cm,呈中-厚层状;泥质含量不高,约15%,粉砂粒径为0.01～0.05 mm。发育于碎屑岩陆棚相砂质陆棚微相。

第5层:厚度为5.5 m,为深灰色中-厚层状微晶灰岩;岩层的风化面为灰色,新鲜面为深灰色;单层厚度较小,为40～100 cm,呈中-厚层状,晶粒较小,为0.01～0.02 mm,属微晶结构。发育于碳酸盐台地相开阔台地亚相潮下静水泥微相。

石牌组底部:为深灰色薄-中层状泥质灰岩;岩层的风化面为灰白色,新鲜面为深灰色;单层厚度较小,为5～10 cm,呈薄-中层状,泥质含量相对较高。发育于碳酸盐台地相开阔台地亚相潮下静水泥微相沉积。

通过对宜昌泰山庙剖面下寒武统水井沱组沉积相分析表明,以发育碳酸盐缓坡相和碎屑岩陆棚相为主,岩性以灰岩和泥质粉砂岩为主,缺乏碳泥质沉积,即不发育富有机质页岩。

(五)湖北嘉鱼簰深1井

簰深1井处于簰洲构造带上,位于嘉鱼县簰洲湾镇境内。地表为长江凹岸侵蚀、凸岸侧向加积及洪水泛滥冲积而成的松软沉积物,浅层岩性结构主要为流沙、淤泥与少量黏土,具有较大的沉积厚度。该井水井沱组深度为6701～6719 m,厚度为18.0 m。其岩性主要为深灰色泥质白云岩,具波纹层理构造。发育于碳酸盐缓坡相的浅水缓坡亚相沉积(图3-20)。

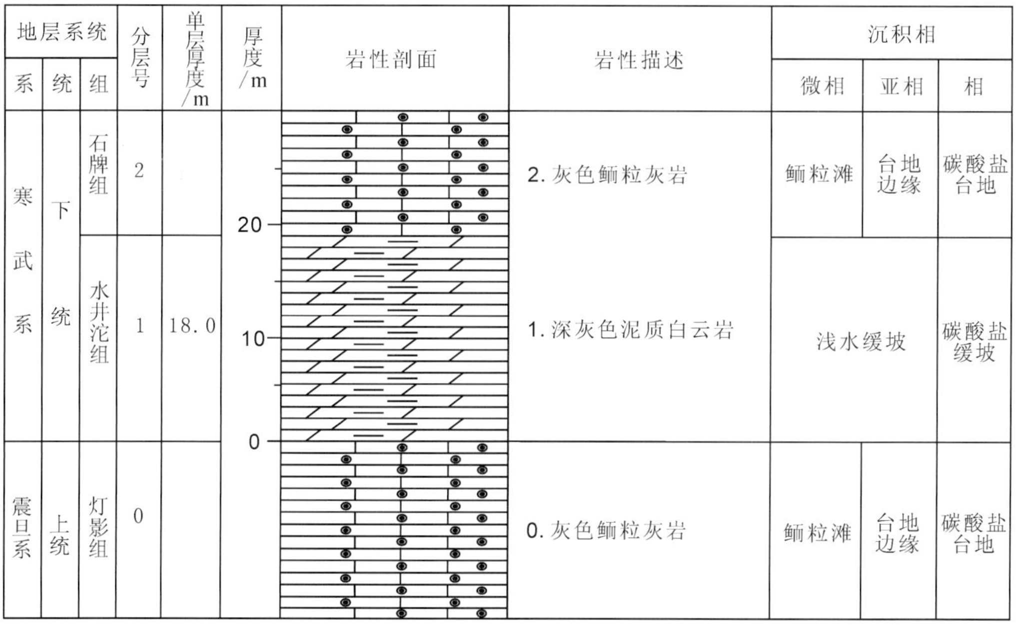

图3-20　湖北嘉鱼簰深1井水井沱组沉积相综合柱状图

三、五峰组—龙马溪组典型剖面沉积相分析

（一）湖南龙山红岩溪剖面

该剖面上奥陶统五峰组—下志留统龙马溪组发育齐全,保存完好,出露较好。其与下伏上奥陶统临湘组灰绿色瘤状灰岩呈整合接触,与上覆罗惹坪组灰绿色泥页岩呈整合接触。该剖面上奥陶统五峰组—下志留统龙马溪组厚度大于300 m,岩性主要为黑色薄-中层状碳质、粉砂质泥页岩,夹少量泥质粉砂岩(图3-21)。

第1层:厚度为4.29 m,为黑色薄-中层状硅质泥岩,发育大量的笔石化石;岩层的风化面为灰色,新鲜面为黑色;单层厚度为5～10 cm。沉积构造偶见水平层理,发育于碎屑岩陆棚相深水陆棚亚相泥质陆棚微相。

第2层:厚度为1.20 m,为黑色薄-中层状碳质泥岩,笔石化石较发育;岩层的风化面为灰色,新鲜面为黑色;单层厚度为7～9 cm,呈薄-中层状。沉积构造有水平层理,发育于碎屑岩陆棚相深水陆棚亚相泥质陆棚微相。

第3层:厚度为8.12 m,为黑色薄-中层状碳质泥岩,下部略含硅质,偶见笔石化石;岩层的风化面为灰色,新鲜面为黑色;单层厚度为2～12 cm。沉积构造偶见水平层理,发育于碎屑岩陆棚相深水陆棚亚相泥质陆棚微相。

第4层:厚度为7.58 m,为黑灰色中层状含碳粉砂质泥岩,向上粉砂质含量略增,颜色变浅;含粉砂质泥岩性硬,裂缝不发育;岩层的风化面为浅灰色-灰白色,新鲜面为黑灰色;单层厚度为12～30 cm,呈中层状;粉砂颗粒粒径为0.05～0.1 mm,矿物成分为石英57％,长石11％,岩屑32％。沉积构造有水平层理、平行层理,发育于碎屑岩陆棚相深水陆棚亚相泥质陆棚微相。

第5层:厚度为3.34 m,为黑灰色中-厚层状含碳粉砂质泥岩,粉砂质含量向上减少,层变薄,层理清晰、稳定;含粉砂质泥岩性脆、硬,不易风化,裂缝不发育;岩层的风化面为浅灰色,新鲜面为黑灰色;单层厚度为20～70 cm,呈中-厚层状。沉积构造有水平层理、平行层理,发育于碎屑岩陆棚相深水陆棚亚相泥质陆棚微相。

第6层:厚度为5.97 m,为黑色薄层状碳质泥岩,可以明显看到风化下切达3～7 cm深,为灰黄色-灰褐色;含碳质泥岩性脆、硬,易风化,裂缝不发育,颜色很黑,用手触摸后手指染黑色;岩层的风化面为灰色,新鲜面为黑色;单层厚度为0.5～4 cm,呈薄层状。沉积构造有水平层理,发育于碎屑岩陆棚相深水陆棚亚相泥质陆棚微相。

第7层:厚度为13.06 m,为黑灰色-深灰色中层状含碳粉砂质泥岩,下部含粉砂质重,略显厚层状;含碳粉砂质泥岩性脆、硬,不易风化,裂缝不发育,颜色较黑,用手触摸后手指略染黑色;岩层的风化面为浅灰色-灰白色,新鲜面为黑灰色;单层厚度为12～30 cm,呈中层状。沉积构造有水平层理、平行层理,发育于碎屑岩陆棚相深水陆棚亚相泥质陆棚微相。

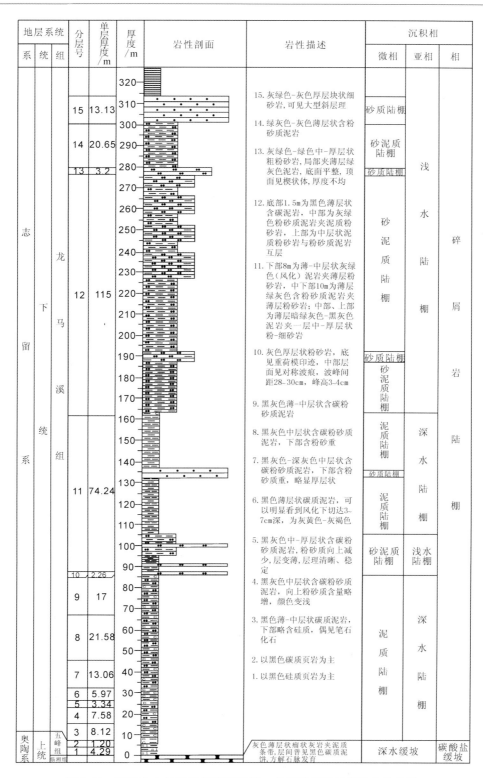

图 3-21　湖南龙山红岩溪剖面五峰组—龙马溪组沉积相综合柱状图

第 8 层:厚度为 21.58 m,为黑灰色中层状含碳粉砂质泥岩,下部含粉砂质重,黑灰色,用手触摸后手指略染黑色;球状风化发育,粉砂质泥岩性脆、硬,不易风化,裂缝不发育;岩层的风化面为灰白色,新鲜面为黑灰色;单层厚度为 12~40 cm,呈薄-中层状。沉积构造有水平层理、平行层理,发育于碎屑岩陆棚相深水陆棚亚相泥质陆棚微相。

第 9 层:厚度为 17 m,为黑灰色薄-中层状含碳粉砂质泥岩;黑灰色,用手触摸后手指略染黑色;粉砂质泥岩性脆、硬,不易风化,裂缝不发育;岩层的风化面为浅灰色-灰色,新鲜面为黑灰色;单层厚度为 4~30 cm,呈薄-中层状。沉积构造偶见水平层理,发育于碎屑岩陆棚相深水陆棚亚相泥质陆棚微相。

第 10 层:厚度为 2.26 m。灰色厚层状粉砂岩,底部见重荷模印迹,中部层面见对称波痕,波峰间距 28~30 cm,峰高 3~4 cm;裂缝不发育;岩层的风化面为浅灰色,新鲜面为灰色;单层厚度为 50~160 cm,呈厚层状;粉砂岩粒径为 0.05~0.1 mm,为细砂岩;矿物成分为石英 61%,长石 12%,岩屑 27%;胶结物为泥质。沉积构造有粒序层理、平行层理,发育于碎屑岩陆棚相浅水陆棚亚相砂泥质陆棚微相。

第 11 层:厚度为 74.24 m,下部 8 m 为薄-中层状灰绿色(风化)泥岩夹薄层粉砂岩,中下部 10 m 为薄层绿灰色含粉砂质泥岩夹薄层粉砂岩,中部、上部为薄层暗绿灰色-黑灰色泥岩夹一层中-厚层状粉-细砂岩;泥岩性脆、硬,易风化;粉砂岩裂缝不发育;岩层的风化面为浅灰色-灰白色,新鲜面为灰绿色、暗绿灰色;单层厚度为 3~25 cm,呈薄-中层状;粉砂颗粒粒径为 0.05~0.1 mm;矿物成分为石英 56%,长石 13%,岩屑 31%。沉积构造有水平层理、斜层理,下部为碎屑岩陆棚相浅水陆棚亚相砂泥质陆棚微相;上部为深水陆棚亚相泥质陆棚微相夹薄层砂质陆棚微相。

第 12 层:厚度为 115 m,底部 1.5 m 为薄层状黑色含碳泥岩,中部为灰绿色中层粉砂质泥岩夹泥质粉砂岩,上部为中层状泥质粉砂岩与粉砂质泥岩互层;含碳泥岩性脆、硬、易风化,颜色很黑,用手触摸后手指染黑色;泥质粉砂岩和粉砂质泥岩裂缝不发育;岩层的风化面为灰褐色,新鲜面为灰绿色;含碳泥岩单层厚度为 2~10 cm,呈薄层状;粉砂质泥岩单层厚度为 15~45 cm,呈中层状;粉砂岩粒径为 0.05~0.1 mm,为粗粉砂岩;矿物成分为石英 59%,长石 11%,岩屑 30%;胶结物为泥质。沉积构造主要为水平层理,发育于碎屑岩陆棚相浅水陆棚亚相砂泥质陆棚微相夹砂质陆棚微相。

第 13 层:厚度为 3.2 m,为灰绿色-灰色中-厚层状粗粉砂岩,局部夹薄层绿灰色泥岩,底面平整,顶面见楔状体,厚度不均;岩层的风化面为浅灰色,新鲜面为灰绿色-灰色;单层厚度为 50~80 cm,呈厚层状;粉砂岩粒径为 0.05~0.1 mm,为粗粉砂岩;矿物成分为石英 63%,长石 11%,岩屑 26%;胶结物为泥质。沉积构造有平行层理、水平层理,发育于碎屑岩陆棚相浅水陆棚亚相砂质陆棚微相。

第 14 层:厚度为 20.65 m。为绿灰色-灰色薄层状粉砂质泥岩;粉砂质泥岩性脆、硬,不易风化,裂缝不发育;岩层的风化面为浅灰色,新鲜面为绿灰色-灰色;单层厚度为 1~8 cm,呈薄-中层状。发育于碎屑陆棚相浅水陆棚亚相砂泥质陆棚微相。

第 15 层:厚度为 13.13 m,为灰绿色-灰色厚层块状细砂岩,可见大型斜层理;岩层的风化面为浅灰色,新鲜面为灰色;单层厚度为 50~180 cm,呈厚层状;砂岩粒径为 0.1~0.25 mm,为细砂岩;矿物成分为石英 65%,长石 13%,岩屑 22%;胶结物为泥质。沉积构造有水平层理、斜层理,发育于碎屑岩陆棚相浅水陆棚亚相砂质陆棚微相。

总体来看,龙山红岩溪剖面五峰组—龙马溪组以碎屑岩陆棚沉积为特征,暗色泥页岩主要分布于下部的深水陆棚亚相中,连续沉积厚度大,常含粉砂质组分或粉砂岩夹层。

(二)湖北宣恩高罗剖面

该剖面上奥陶统五峰组—下志留统龙马溪组页岩段发育齐全,出露、保存较好,上部砂岩地层覆盖较为严重,不易观测。五峰组与下伏上奥陶统临湘组灰绿色瘤状灰岩呈整合接触,龙马溪组与上覆罗惹坪组灰绿色泥页岩呈整合接触。该剖面上奥陶统五峰组—下志留统龙马溪组厚度大于100 m,下部页岩发育段厚83.62 m,岩性主要为黑色薄-中层状碳质、粉砂质泥页岩,夹少量泥质粉砂岩,为碎屑岩陆棚相(图3-22)。

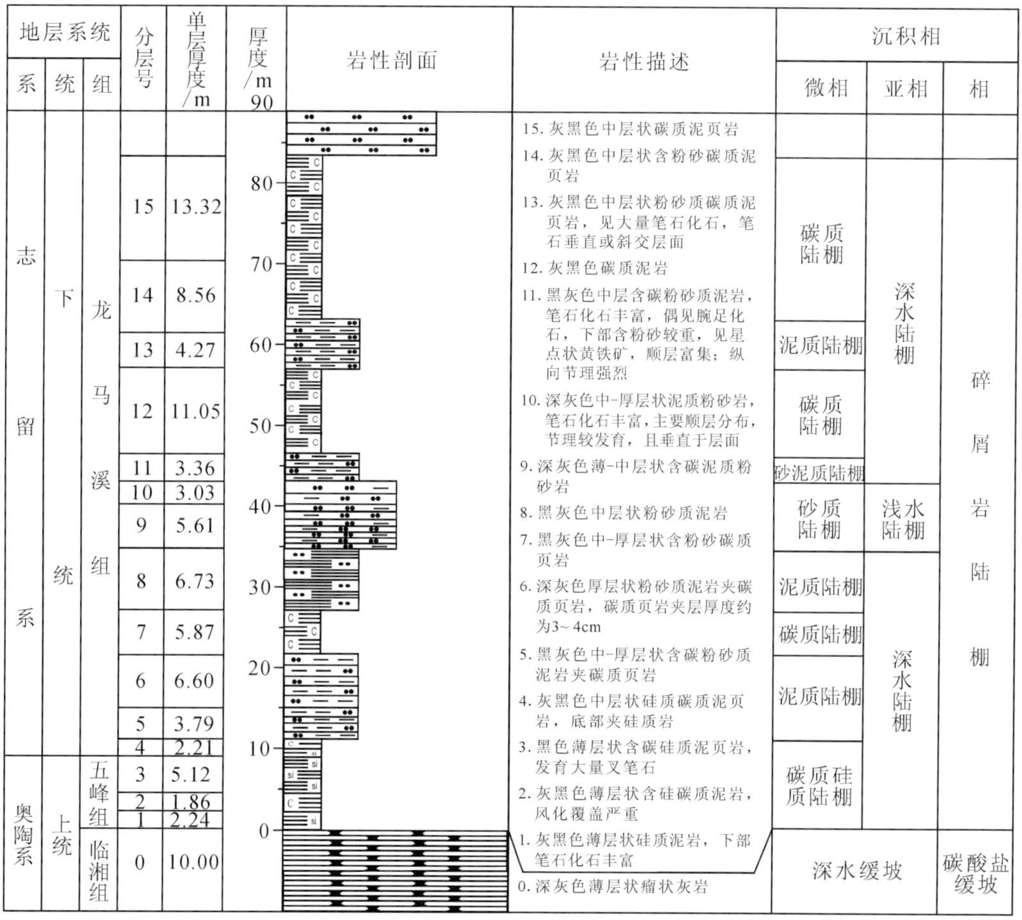

地层系统			分层号	单层厚度/m	厚度/m	岩性剖面	岩性描述	沉积相		
系	统	组						微相	亚相	相
志留系	下统	龙马溪组	15	13.32			15.灰黑色中层状碳质泥页岩 14.灰黑色中层状含粉砂碳质泥页岩 13.灰黑色中层状粉砂质碳质泥页岩,见大量笔石化石,笔石垂直或斜交层面 12.灰黑色碳质泥岩	碳质陆棚	深水陆棚	碎屑岩陆棚
			14	8.56			11.黑灰色中层含碳粉砂质泥岩,笔石化石丰富,偶见腕足化石,下部含粉砂较重,见星点状黄铁矿,顺层富集;纵向节理强烈			
			13	4.27				泥质陆棚		
			12	11.05			10.深灰色中-厚层状泥质粉砂岩,笔石化石丰富,主要顺层分布,节理较发育,且垂直于层面	碳质陆棚		
			11	3.36			9.深灰色薄-中层状含碳泥质粉砂岩	砂泥质陆棚		
			10	3.03			8.黑灰色中层状粉砂质泥岩	砂质陆棚	浅水陆棚	
			9	5.61			7.黑灰色中-厚层状含粉砂碳质泥页岩			
			8	6.73			6.深灰色厚层状粉砂质泥岩夹碳质泥页岩,碳质泥页岩夹层厚度约为3~4cm	泥质陆棚	深水陆棚	
			7	5.87			5.深灰色中-厚层状含碳粉砂泥质岩夹碳质页岩	碳质陆棚		
			6	6.60			4.黑灰色中层状夹硅质碳质泥页岩,底部夹硅质岩	泥质陆棚		
			5	3.79			3.黑色薄层状含碳硅质泥页岩,发育大量又笔石			
			4	2.21			2.黑灰色薄层状含硅碳质泥页岩,风化覆盖严重	碳质硅质陆棚		
奥陶系	上统	五峰组	3	5.12			1.灰黑色薄层状硅质泥岩,下部笔石化石丰富			
			2	1.86						
			1	2.24						
		临湘组	0	10.00			0.深灰色薄层状瘤状灰岩	深水缓坡	碳酸盐缓坡	

图 3-22　湖北宣恩高罗剖面五峰组—龙马溪组沉积相综合柱状图

下伏临湘组:厚度大于10 m,主要为灰色-深灰色薄层状瘤状灰岩;岩层的风化面为浅灰色,新鲜面为深灰色;单层厚度为2~5 cm,呈薄层状;瘤状灰岩结构由灰色微晶灰岩的瘤核和深灰色灰泥的"眼皮"组成,深灰色灰泥易风化,微晶灰岩不易风化,富含生物化石,可见三叶虫、角石等化石,瘤核直径一般为 3～5 cm,富含黄铁矿;本层出露较差,临湘组顶部与五峰组底部呈整合接触。发育于碳酸盐缓坡相。

第 1 层:厚度为 2.24 m,主要为灰黑色薄层状含碳硅质泥岩,下部笔石化石丰富,个体较大,受构造挤压力影响,略呈波状起伏,倾角陡,近直立;岩层的风化面为黄灰色,新鲜面为灰黑色;单层厚度为 0.5～5 cm,呈薄层状;含碳硅质泥岩性脆、硬,不易风化,裂缝不发育;本层出露较差,植被覆盖严重,风化严重,但底部与临湘组顶部分界出露清楚。发育于深水陆棚亚相碳质硅质陆棚微相。

第 2 层:厚度为 1.86 m,主要为灰黑色薄层状含硅碳质泥岩;岩层的风化面为黄灰色,新鲜面为灰黑色;单层厚度为 0.5～3 cm,呈薄层状;含硅碳质泥岩性硬、易风化,用手触摸后手指染黑严重;本层出露较差,植被覆盖严重,风化严重,底部与第 1 层顶界未出露。发育于深水陆棚亚相碳质硅质陆棚微相。

第 3 层:厚度为 5.12 m,主要为黑灰色薄层状含碳硅质泥页岩;岩层的风化面为浅灰色-灰色,新鲜面为黑灰色;单层厚度为 5～8 cm,呈薄层状;含碳硅质泥页岩中发育大量叉笔石;本层出露较差,大面积植被覆盖,中上部断续出露。发育于深水陆棚亚相碳质硅质陆棚微相。

第 4 层:厚度为 2.21 m,主要为龙马溪组,岩性为灰黑色中层状硅质碳质泥页岩;岩层的风化面为灰色,新鲜面为灰黑色;单层厚度为 10～30 cm,呈中层状;底部夹硅质岩,硅质岩石英细脉发育,宽 1～2 mm,多为顺层分布,局部半充填,偶见晶洞;底见 5～10 cm灰白色黏土层,定为志留系与奥陶系分界,发育大量直笔石和耙笔石;底部夹硅质含量较高,岩石硬且脆,不易风化;上部夹薄层状的碳质页岩,易风化,用手触摸后手指染黑严重;本层风化较严重,但沿国道出露较好。发育于深水陆棚亚相泥质陆棚微相。

第 5 层:厚度为 3.79 m,主要为黑灰色中-厚层状含碳粉砂质泥岩夹碳质页岩;岩层的风化面为深灰色,新鲜面为黑灰色;含碳粉砂质泥岩单层厚度为 20～50 cm,呈中-厚层状,碳质页岩夹层厚度为 1～2 cm,呈薄层状;底部粉砂质泥岩单层厚度为 50 cm,粉砂质含量约 40%,向上单层厚度变小,泥质含量增加,粉砂质泥岩性硬,不易风化,碳质页岩性软,易风化;本层风化不严重,沿国道地层出露较好。发育于深水陆棚亚相泥质陆棚微相。

第 6 层:厚度为 6.60 m,主要为深灰色厚层状粉砂质泥岩夹碳质页岩;岩层的风化面为深灰色,新鲜面为黑灰色;粉砂质泥岩单层厚度大于 50 cm,呈厚层状,碳质页岩夹层厚度为 3～4 cm,呈薄层状;底部粉砂质泥岩单层厚度约 50 cm,粉砂质含量约 45%,粉砂颗粒粒径为 0.05～0.1 mm,向上单层厚度变大,泥质含量减小,粉砂质泥岩性硬,不易风化,碳质页岩性软,易风化;本层风化不严重,但顶部覆盖严重,地层沿国道断续出露。发育于深水陆棚亚相泥质陆棚微相。

第 7 层:厚度为 5.87 m,主要为黑灰色中-厚层状含粉砂碳质泥岩;岩层的风化面为深灰色,新鲜面为黑灰色;单层厚度为 20～80 cm,呈中-厚层状;含粉砂碳质泥岩中粉砂质含量 10%,粉砂颗粒粒径为 0.05～0.1 mm,用手触摸后手指染黑严重;本层风化覆盖严重,出露层段较少;可见水平层理。发育于深水陆棚亚相碳质陆棚微相。

第 8 层:厚度为 6.73 m,主要为黑灰色中层状粉砂质泥岩;岩层的风化面为深灰色,新鲜面为黑灰色;单层厚度为 20～50 cm,呈中层状;粉砂质泥岩中粉砂质含量为 35%,粉砂颗粒粒径为 0.05~0.1 mm;本层风化覆盖严重,与第 7 层的界线不明显,出露层段较少;可见水平层理。发育于深水陆棚亚相泥质陆棚微相。

第 9 层:厚度为 5.61 m,主要为深灰色薄-中层状含碳泥质粉砂岩;岩层的风化面为灰色,新鲜面为深灰色;单层厚度为 5~20 cm,呈薄-中层状;泥质粉砂岩中泥质含量为 35%左右,粉砂颗粒粒径为 0.05~0.1 mm,用手触摸后手指染黑一般;本层风化覆盖严重,出露层段较少;水平层理较发育。发育于浅水陆棚亚相砂质陆棚微相。

第 10 层:厚度为 3.03 m,主要为深灰色中-厚层状泥质粉砂岩;岩层的风化面为灰色,新鲜面为深灰色;单层厚度为 10~60 cm,呈中-厚层状,单层厚度向上逐渐变厚;泥质粉砂岩中泥质含量约 30%,粉砂颗粒粒径为 0.05~0.1 mm;笔石化石丰富,主要顺层分布,节理较发育,且垂直于层面;本层风化覆盖严重,底部出露较好,上部植被覆盖严重;可见水平层理。发育于浅水陆棚亚相砂质陆棚微相。

第 11 层:厚度为 3.36 m,主要为黑灰色中层含碳粉砂质泥岩;岩层的风化面为深灰色-灰褐色,新鲜面为黑灰色;单层厚度为 10~40 cm,呈中层状;粉砂颗粒粒径为 0.05~0.1 mm,水平纹理明显,笔石化石丰富,偶见腕足化石,下部含粉砂较重,见星点状黄铁矿,顺层富集;纵向节理强烈;本层植被覆盖严重,局部出露较好;水平层理较发育。发育于深水陆棚亚相砂泥质陆棚微相。

第 12 层:厚度为 11.05 m,主要为灰黑色碳质泥岩;岩层的风化面为深灰色,新鲜面为黑灰色;单层厚度为 5~10 cm,呈薄层状;含碳质页岩性软,易风化,颜色很深,用手触摸后手指染黑严重;本层风化较强,植被覆盖严重,出露较差,局部层段出露较好,底部与第 11 层分界明显。发育于深水陆棚亚相碳质陆棚微相。

第 13 层:厚度为 4.27 m,主要为黑灰色中层状粉砂质泥岩;岩层的风化面为深灰色,新鲜面为黑灰色;单层厚度为 20~50 cm,呈中层状;粉砂质泥岩中粉砂质含量为 30%,粉砂颗粒粒径为 0.05~0.1 mm;可见大量的笔石化石,且笔石化石垂直层面或者斜交层面;本层风化覆盖严重,与第 12 层的界线不明显,出露层段较少。发育于深水陆棚亚相泥质陆棚微相。

第 14 层:厚度为 8.56 m,主要为灰黑色薄层状含粉砂碳质泥岩;岩层的风化面为深灰色,新鲜面为灰黑色;单层厚度为 5~10 cm,呈中-厚层状;含粉砂碳质泥岩中粉砂质含量为 10%,粉砂颗粒粒径为 0.05~0.1 mm,用手触摸后手指染黑严重;本层风化覆盖严重,出露层段较少;见水平层理。发育于深水陆棚亚相碳质陆棚微相。

第 15 层:厚度为 13.32 m,主要为黑色碳质泥岩;岩层的风化面为深灰色,新鲜面为黑色;单层厚度为 5~10 cm,呈薄层状;含碳质页岩性软,易风化,颜色很深,用手触摸后手指染黑严重;本层风化较强,植被覆盖严重,出露较差,局部层段出露较好,底部与第 14 层分界不明显。发育于深水陆棚亚相碳质陆棚微相。

上覆地层:厚度大于 2 m,主要为深灰色中层状粉砂岩夹薄层状页岩;岩层的风化面为灰黄色,新鲜面为深灰色;单层厚度为 10~30 cm,呈中层状;页岩性软,易风化,颜色很深,用手触摸后手指染黑一般;本层风化较强,植被覆盖严重,出露较差,局部层段出露较好。上覆地层主要为浅水陆棚亚相砂质陆棚微相。

总体上看,宣恩高罗剖面以发育碎屑岩陆棚相为特征,主体以深水陆棚碳质、泥质陆棚亚相为主,暗色碳质页岩主要发育于五峰组、龙马溪组下部和中上部。

(三) 湖南大庸温塘剖面

该剖面上奥陶统五峰组—下志留统龙马溪组发育齐全,但出露表面风化严重。其与下伏上奥陶统临湘组灰绿色瘤状灰岩呈整合接触,与上覆罗惹坪组灰绿色泥页岩呈整合接触。该剖面上奥陶统五峰组—下志留统龙马溪组富有机质泥页岩厚度大于 86.2 m,岩性主要为黑色薄-中层状碳质、粉砂质泥页岩,夹少量泥质粉砂岩(图 3-23)。

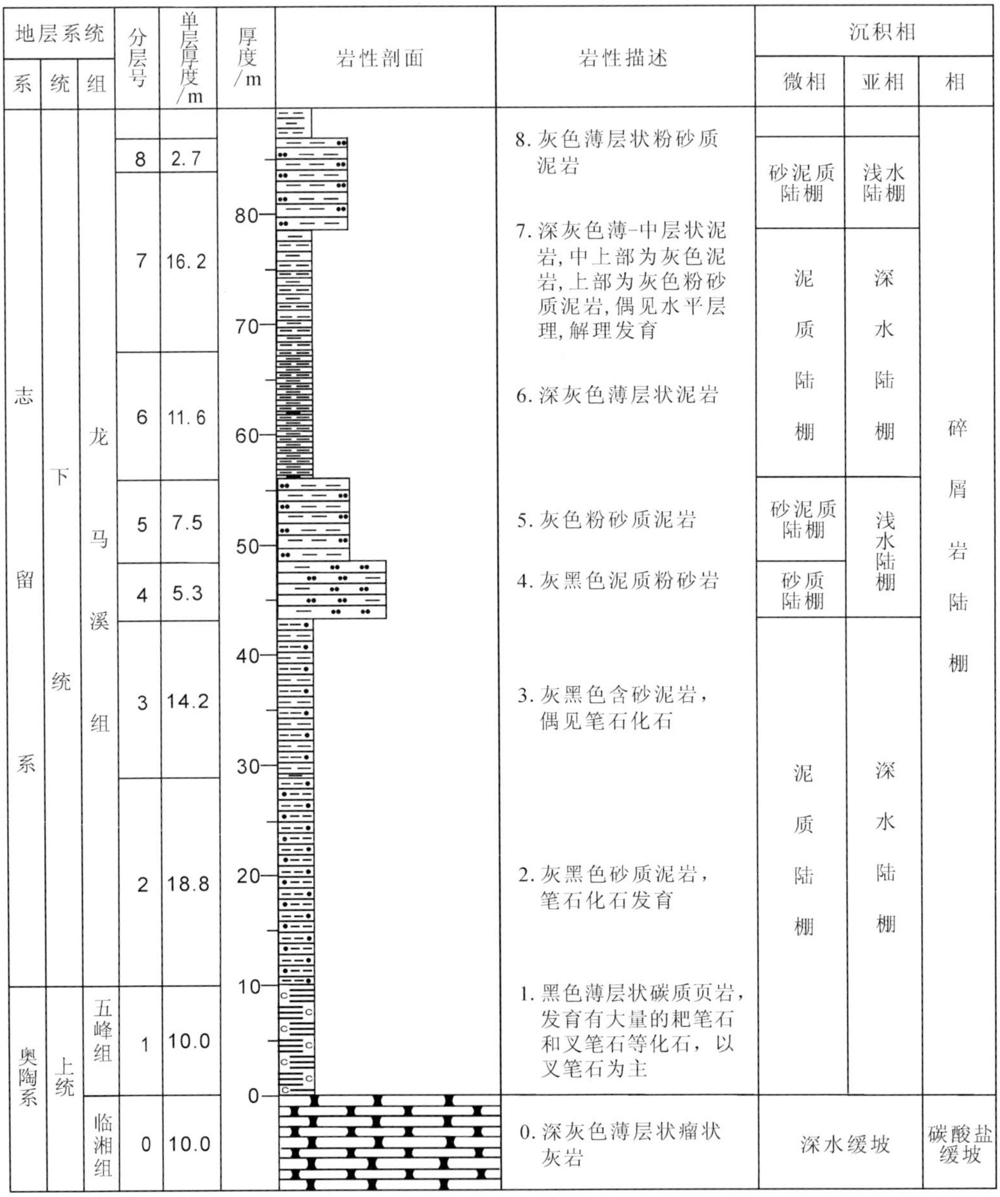

地层系统			分层号	单层厚度/m	厚度/m	岩性剖面	岩性描述	沉积相		
系	统	组						微相	亚相	相
志留系	下统	龙马溪组	8	2.7			8.灰色薄层状粉砂质泥岩	砂泥质陆棚	浅水陆棚	碎屑岩陆棚
			7	16.2			7.深灰色薄-中层状泥岩,中上部为灰色泥岩,上部为灰色粉砂质泥岩,偶见水平层理,解理发育	泥质陆棚	深水陆棚	
			6	11.6			6.深灰色薄层状泥岩			
			5	7.5			5.灰色粉砂质泥岩	砂泥质陆棚	浅水陆棚	
			4	5.3			4.灰黑色泥质粉砂岩	砂质陆棚		
			3	14.2			3.灰黑色含砂泥岩,偶见笔石化石	泥质陆棚	深水陆棚	
			2	18.8			2.灰黑色砂质泥岩,笔石化石发育			
奥陶系	上统	五峰组	1	10.0			1.黑色薄层状碳质页岩,发育有大量的耙笔石和叉笔石等化石,以叉笔石为主			
		临湘组	0	10.0			0.深灰色薄层状瘤状灰岩	深水缓坡	碳酸盐缓坡	

图 3-23 湖南大庸温塘剖面五峰组—龙马溪组沉积相综合柱状图

第1层:厚度为10.0 m,主要为黑色薄-中层状碳质泥岩,笔石化石较发育;岩层的风化面为灰色,新鲜面为黑色;单层厚度为7~9 cm,呈薄-中层状。沉积构造主要为水平层理,发育于碎屑岩陆棚相深水陆棚亚相泥质陆棚微相。

第2层:厚度为18.8 m,为灰黑色薄-中层状砂质泥岩,笔石化石发育;含粉砂质泥岩性硬,裂缝不发育;岩层的风化面为浅灰色-灰色,新鲜面为黑灰色;单层厚度为4~35 cm,呈薄-中层状状;粉砂颗粒粒径为0.05~0.1 mm;矿物成分为石英58%,长石13%,岩屑29%。沉积构造为水平层理,发育于碎屑岩陆棚相深水陆棚亚相泥质陆棚微相。

第3层:厚度为14.2 m,为灰黑色薄层含砂泥岩,偶见笔石化石;含砂泥岩性硬,裂缝不发育;岩层的风化面为浅灰色-灰色,新鲜面为灰黑色;单层厚度为3~9 cm,呈薄层状;粉砂粒粒径为0.1~0.25 mm;矿物成分为石英62%,长石13%,岩屑25%。沉积构造为水平层理,发育于碎屑岩陆棚相深水陆棚亚相泥质陆棚微相。

第4层:厚度为5.3 m,为灰黑色薄-中层泥质粉砂岩;岩层的风化面为灰褐色,新鲜面为灰绿色,裂缝不发育;单层厚度为3~28 cm,呈薄-中层状;粉砂岩粒径为0.05~0.1 mm,为细砂岩;矿物成分为石英60%,长石14%,岩屑26%;胶结物为泥质。沉积构造为水平层理,发育于碎屑岩陆棚相浅水陆棚亚相砂质陆棚微相。

第5层:厚度为7.5 m,为灰色薄-中层粉砂质泥岩;含粉砂质泥岩性脆、硬,不易风化,裂缝不发育;岩层的风化面为浅灰色,新鲜面为灰色;单层厚度为1~25 cm,呈薄-中层状。沉积构造为水平层理,发育于碎屑岩陆棚相浅水陆棚亚相砂泥质陆棚微相。

第6层:厚度为11.6 m,为深灰色薄层状泥岩;岩层的风化面为灰白色-灰色,新鲜面为深灰色;单层厚度为1~6 cm,呈薄层状。沉积构造为水平层理,发育于碎屑岩陆棚相深水陆棚亚相泥质陆棚微相。

第7层:厚度为16.2 m,下部为深灰色薄-中层状泥岩,中上部为灰色泥岩,上部为灰色粉砂质泥岩,偶见水平层理,节理发育;泥岩岩层的风化面为灰白色-灰色,新鲜面为深灰色;粉砂质泥岩岩层的风化面为浅灰色,新鲜面为灰色。泥岩单层厚度为3~18 cm,呈薄-中层状状;粉砂质泥岩单层厚度为1~25 cm,呈薄-中层状。沉积构造为水平层理,该层下部为深水陆棚亚相泥质陆棚微相,上部为浅水陆棚亚相砂泥质陆棚微相。

第8层:厚度为2.7 m,为灰色薄层状粉砂质泥岩;含粉砂质泥岩性硬,裂缝不发育;岩层的风化面为浅灰色-灰白色,新鲜面为灰色;单层厚度为2~7 cm,呈薄层状;粉砂颗粒粒径为0.05~0.1 mm;矿物成分为石英56%,长石13%,岩屑31%。沉积构造为水平层理,发育于碎屑岩陆棚相浅水陆棚亚相砂泥质陆棚微相。

总体上看,湖南大庸温塘剖面以发育碎屑岩陆棚相为特征,主体以深水陆棚亚相泥质陆棚微相为主,砂质含量较高。

(四) 湖北利川河页1井

河页1井位于中扬子地区湘鄂西褶断带花果坪复向斜新塘向斜轴部,为一参数井(图3-24)。该井在第八次取心(井深2150~2167.34 m,层位为下志留统龙马溪组—上奥陶统五峰组)中有 17.34 m 的岩心冒气泡。

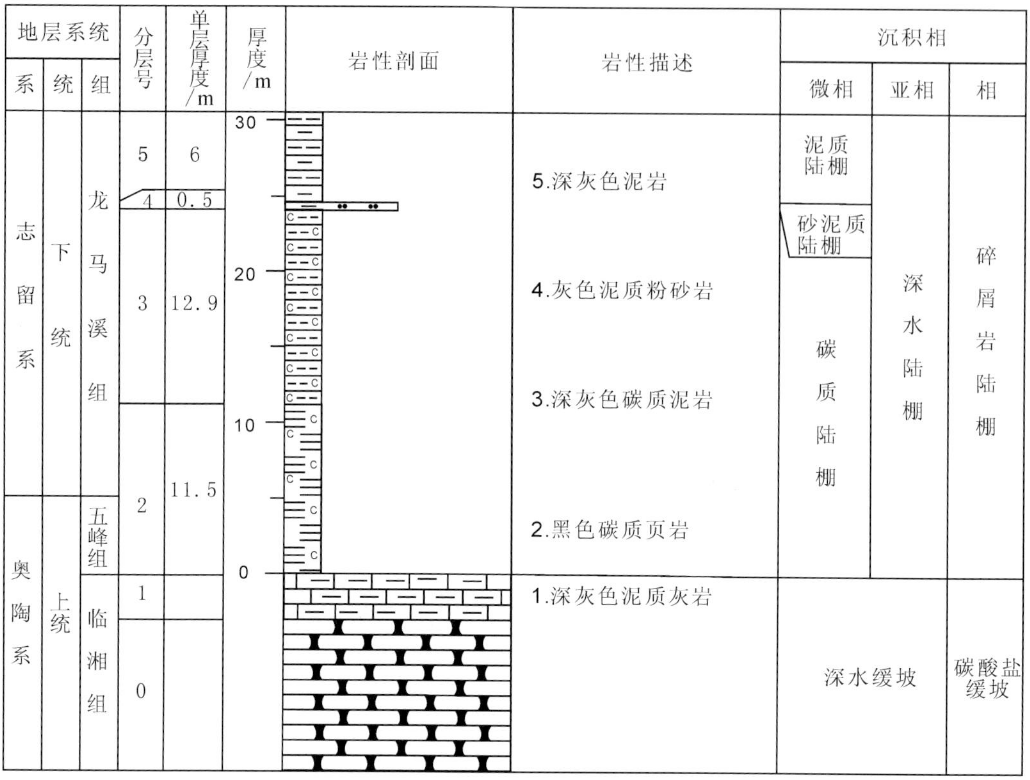

地层系统			分层号	单层厚度/m	厚度/m	岩性剖面	岩性描述	沉积相		
系	统	组						微相	亚相	相
志留系	下统	龙马溪组	5	6	30		5.深灰色泥岩	泥质陆棚	深水陆棚	碎屑岩陆棚
			4	0.5				砂泥质陆棚		
			3	12.9	20		4.灰色泥质粉砂岩	碳质陆棚		
					10		3.深灰色碳质泥岩			
			2	11.5			2.黑色碳质页岩			
奥陶系	上统	五峰组	1		0		1.深灰色泥质灰岩	深水缓坡		碳酸盐缓坡
		临湘组	0							

图 3-24　湖北利川河页 1 井五峰组—龙马溪组沉积相综合柱状图

通过对取心资料进行观察,结合 GR 曲线综合分析,井深 2160.4 m 处为下志留统龙马溪组底部与上奥陶统五峰组顶部的分界点。自龙马溪组底部向上,井深 2154.4～2160.4 m 段岩性为黑色碳质页岩,厚度为 6.0 m,沉积相为碎屑岩陆棚相深水陆棚亚相碳质陆棚微相;井深 2141.5～2154.4 m 段岩性为深灰色碳质泥岩,厚度为 12.9 m,沉积相为碳质陆棚微相;井深 2141.0～2141.5 m 段岩性为灰色泥质粉砂岩,厚度为 0.5 m,沉积相为碎屑岩陆棚相深水陆棚亚相砂泥质陆棚微相;井深 2135.0～2141.0 m 段岩性为深灰色泥岩,厚度为 6.0 m,沉积相为碎屑岩陆棚相深水陆棚亚相泥质陆棚微相。

第三节　沉积相横向展布特征

一、陡山沱组沉积相横向展布特征

中上扬子克拉通盆地在南华纪冰消后,接受了早震旦世快速海侵沉积,形成第一段潮坪白云岩(陡山沱组下部)。总体上看,该区下震旦统陡山沱组沉积序列可分为四段:第一段、第三段为白色碳酸盐岩,第二段、第四段为黑色碳质页岩,俗称"两白两黑"。其沉积环境变化较大,主要为沉积碳酸盐局限台地、开阔台地、台地边缘、台地前缘斜坡、盆地相带,局部发育碎屑滨岸、陆棚相(陈孝红等,1999)。陡山沱组第二段、第四段的黑色碳质页岩是较好的烃源岩地层,尤以第二段厚度更大,其岩性主要为深灰色至灰黑色碳质泥页岩、硅质页岩夹灰色含粉砂质泥页岩、粉砂质泥岩,富含有机质,发育于台地前缘斜坡相的深水缓坡亚相和碎屑陆棚相。

在区域上,由南向北层序发育较为完整,总体是台地相与前缘斜坡相-盆地相相间的格局,下震旦统陡山沱组深色页岩层段沉积厚度差异较大,如宜昌花鸡坡剖面与鹤峰白果坪剖面累积厚度较厚,分别为 95 m 和 170 m,向张家界大坪剖面、永顺王村剖面和贵州松林剖面方向逐渐变薄,暗色页岩在张家界大坪剖面和永顺王村剖面仅第二段发育,而在贵州松林剖面顶部相对更为发育(图 3-25)。

二、牛蹄塘组沉积相横向展布特征

在早寒武世牛蹄塘期,随着海平面的快速上升,研究区大部分地区沉积了一套海相细粒碎屑岩,仅在江汉平原区东北部出现碳酸盐缓坡相沉积。总体来说,研究区岩性单一,在横向和纵向上的厚度变化都较小。细粒碎屑岩沉积区岩性主要为黑色、灰黑色的碳质、灰质、硅质泥页岩,其代表的碎屑岩深水陆棚亚相沉积,沉积水体很深,沉积厚度相对较稳定。碳酸盐岩沉积区岩性主要为灰色、深灰色中-厚层状泥微晶灰岩、泥质条带灰岩,以及少量的白云岩,沉积厚度变化较小。

研究区西南-东北向连井(剖面)沉积相发育稳定,自西向东瓮安永和—永顺王村—鹤峰白果坪—石门杨家坪—宜 10 井—界水岭剖面沉积相对比来看,横向上均发育碎屑岩深水陆棚亚相,主要由碳质陆棚、硅质陆棚、泥质陆棚微相组成的暗色碳质页岩、硅质页岩和泥页岩沉积,连续沉积厚度较大,局部含灰质沉积(图 3-26)。

三、五峰组—龙马溪组沉积相横向展布特征

自晚奥陶世至早志留世,中上扬子地区经历了海侵到海退的过程,形成了五峰组—龙马溪组下部以暗色硅质页岩、笔石页岩和碳质页岩为主的深水沉积特征,龙马溪组上部受海平面持续下降而形成了砂质沉积物向上逐渐增多的变化规律。区域上五峰组—龙马溪组沉积厚度变化较大,五峰组局部缺失(肖传桃等,1996)。

通过研究区龙山红岩溪—宣恩高罗—渔 1 井—河 2 井—宜昌王家湾连井沉积相对比可以看出,自西向东,五峰组—龙马溪组厚度分布不稳定,富有机质页岩厚度由厚变薄再由厚变薄,其中以红岩溪剖面和渔 1 井厚度相对最厚。沉积物类型以碎屑岩沉积为主,五峰组—龙马溪组下部以笔石页岩、硅质页岩、碳质页岩为主,偶见粉砂岩、粉砂质页岩夹层,向上粉砂岩夹层增多。沉积相以碎屑岩陆棚相为主,纵向上总体由深水陆棚亚相向浅水陆棚亚相过渡,局部深水陆棚亚相中夹有浅水陆棚亚相(图 3-27)。

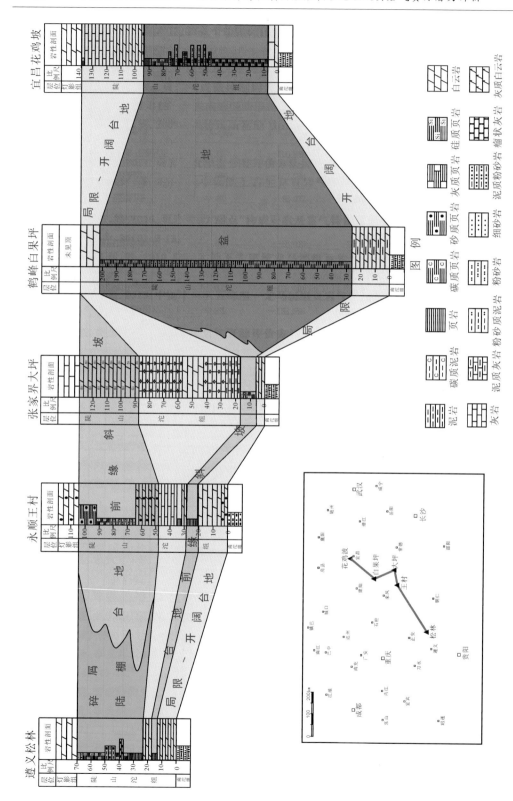

图 3-25　遵义松林—永顺王村—张家界大坪—鹤峰白果坪—宜昌花鸡坡剖面山沱组沉积相相对比图

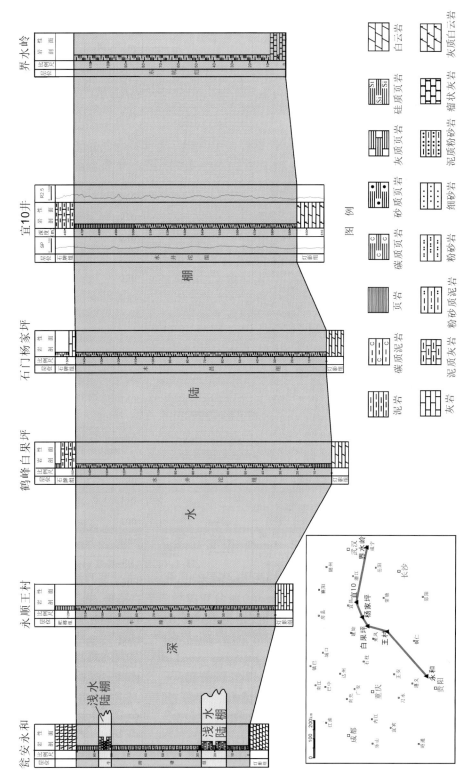

图 3-26 瓮安永和—永顺王村—鹤峰白果坪—石门杨家坪—宜10井—界水岭剖面牛蹄塘组沉积相相对比图

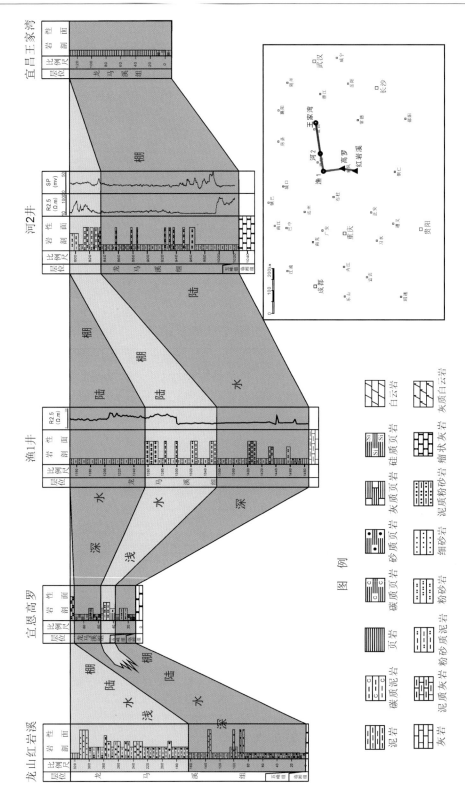

图 3-27 龙山红岩溪—宣恩高罗—渔1井—河2井—宜昌王家湾浅井五峰组—龙马溪组沉积相对比图

第四节　岩相古地理特征

中上扬子地区经晋宁运动由前震旦纪地槽型沉积转化为稳定的台地型沉积,南沱期以后的早震旦世陡山沱期,随着古气候的转暖,冰川融化,海平面上升,沉积一套黑色的粉砂质碳质页岩,且广泛分布于研究区;早寒武世水井沱期,相对海平面上升,研究区以陆源碎屑岩沉积为主,在鄂中地区碳酸盐岩较发育;在晚奥陶世五峰期,海平面的快速上升,形成了笔石页岩的凝缩段沉积,属于深海事件沉积,到晚奥陶世末地壳一度短暂隆升,造成一些地方的观音桥组遭受剥蚀;在早志留世龙马溪期,继承了五峰期的特点,整个志留系自下而上为一变浅序列,由盆地相-陆棚相-滨海相的陆源碎屑组成,中上扬子地区总体属浅水陆架盆地类型。

一、陡山沱期岩相古地理特征

中上扬子地区自南华系南沱组冰碛岩沉积之后,形成了陡山沱期较独特的沉积古地理格局(李忠雄等,2004)。区域上陡山沱期的总体沉积格局为:中扬子地区由东向西依次由碳酸盐局限台地、开阔台地向台地前缘斜坡过渡,而上扬子地区由西向东依次发育以碎屑岩滨岸沉积为主向碎屑浅海陆棚沉积过渡,总体向华南方向水体加深,在南部地区过渡为半深海盆地相。川西地区的陡山沱晚期也发育碳酸盐台地沉积。实测资料表明富有机质页岩主要发育于中扬子地区,该区陡山沱早期普遍发育碳酸盐局限台地潮坪沉积环境的灰色泥质泥-微晶白云岩;进入中陡山沱期古地理格局发生了巨大的变化,形成了特点鲜明的各种浅水和深水沉积物,如在鹤峰白果坪、宜昌花鸡坡等地区出现代表较深水的台内盆地环境的泥页岩沉积,在永顺王村、通山西庄等地区出现较浅水的碳酸盐台地泥质白云岩沉积,该时期也是富有机质页岩主要沉积期;陡山沱晚期古地理格局与早陡山沱期相似,普遍发育碳酸盐台地环境的白云岩沉积(图 3-28)。其古地理环境发生剧烈变化的原因,跟此时地壳差异性升降运动加剧密切相关。

二、牛蹄塘期岩相古地理特征

早寒武世牛蹄塘期,中上扬子地区由于受到区域拉张的应力环境使得克拉通内部为伸展裂陷盆地,边缘为裂谷盆地,总体上表现为构造沉降、海平面开始上升,造成研究区的缺氧环境。早期形成的康滇古陆和泸定古陆为主要物源区,中上扬子地区具有西高东低的沉积格局,沉积物也具有西粗东细的特点(邱小松等,2014a,b;杨威等,2012)。其中,上扬子地区沉积了内陆架灰黑色粉砂岩、砂质页岩夹细砂岩为主的浅色碎屑岩系,中扬子地区沉积了外陆架黑色含碳质页岩为主夹少量粉砂岩、粉砂质页岩的黑色碎屑岩系。在川西地区早寒武世牛蹄塘期形成摩天岭古陆,表现为较高能的浅水陆棚沉积环境;川北—川

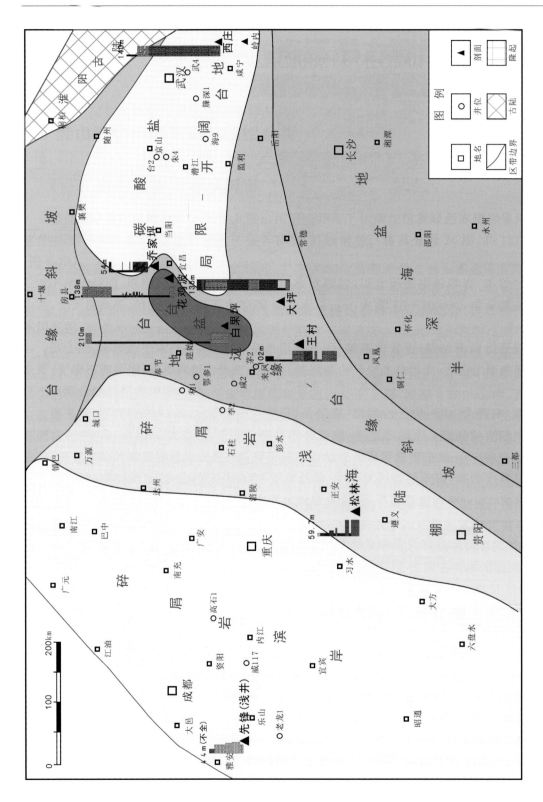

图 3-28　中上扬子地区早震旦世陡山沱期岩相古地理分布图

东北与秦岭洋相通,表现为正常的深水陆棚环境;滇黔东北缘地区表现为深水陆棚-半深海缺氧环境,主要发育富含有机质、生物元素、有色金属的黑色泥页岩、硅质岩;湘黔—川东南主要为浅水陆棚-深水陆棚环境,以富有机质的黑色碳质页岩为主,其浮游微生物非常发育,为黑色页岩沉积提供了丰富的物质基础;鄂西—渝东地区主要为深水陆棚,以灰黑色、黑色泥页岩沉积为主;湘鄂西区及鄂东区远离物源主要为碎屑岩深水陆棚相,以深灰色-灰黑色泥页岩沉积为主;江汉平原区主要为碳酸盐缓坡相,以灰色-深灰色泥-微晶灰岩沉积为主。

总体上,中上扬子地区早寒武世牛蹄塘期以碎屑岩陆棚沉积为主,呈现南部为水体相对较深的渝东-鄂西深水陆棚和川南-湘西-黔北深水陆棚,南部局部发育黔北半深海,东部则为水体相对较浅的碳酸盐缓坡,西北为川西浅水陆棚-深水陆棚的古地理格局,其中暗色页岩主要发育于深水陆棚-盆地环境中(图 3-29)。

三、五峰期岩相古地理特征

晚奥陶世五峰期,由于康滇古陆、黔中古隆起、川中古隆起较前期扩大,以及雪峰山隆起的形成,中上扬子海域被古隆起围限,为一局限海盆,海域面积缩小,局限浅海相带几乎遍及整个中上扬子沉积区,致使上奥陶统五峰组地层沉积较薄,局部地区缺失。沉积的黑色岩系厚度薄且分布稳定,生物以笔石占绝对优势。五峰组的黑色碎屑岩系是扬子地区重要的气源岩系,分布稳定,大范围内均可对比。岩性主要为黑色页岩、碳质页岩、硅质页岩、粉砂质页岩,也有薄层硅质岩,上部见少量泥灰岩,富含笔石岩相,也含硅质岩和放射虫等,为低能沉积环境;岩石厚度一般仅数米至十数米,是一个大面积的欠补偿的缺氧沉积海域。川南—黔中地区主要为浅水陆棚沉积,岩性主要为灰质页岩、灰质泥岩;川北、川东及黔北—湘鄂西地区主要为深水陆棚沉积,岩性以黑色碳质页岩、灰黑色硅质泥页岩为主,笔石化石丰富。

总体上,中上扬子地区晚奥陶世五峰期以碎屑岩深水陆棚沉积为主,呈现浅水陆棚沉积为环南部黔中隆起,向中心为深水陆棚、向东南为半深海-深海盆地的古地理格局,其中区内暗色页岩主要发育于深水陆棚环境中(图 3-30)。

四、龙马溪期岩相古地理特征

早志留世龙马溪期是继晚奥陶世以来中上扬子地区盆山格局发生重大转变的时期,该时期陆块边缘处于挤压、褶皱造山过程,为形成古隆起的高峰阶段。除边缘的川西-滇中古陆、汉南古陆扩大以外,川中隆起的范围不断扩大,扬子南缘的黔中隆起、武陵隆起、雪峰山隆起和江南隆起基本相连形成了滇黔桂大的隆起带(郭英海等,2004)。中上扬子地区由克拉通盆地转为由古隆起带包围的一个局限浅海-深水陆棚,隆起边缘主要滨岸-浅水陆棚相、向中部过渡为碎屑岩深水陆棚,泥页岩厚度由南向北逐渐增大。下志留统龙马溪组主要为一套灰色-黑色泥页岩,盛产笔石,含海绵骨针、放射虫,岩性组合较稳定,代

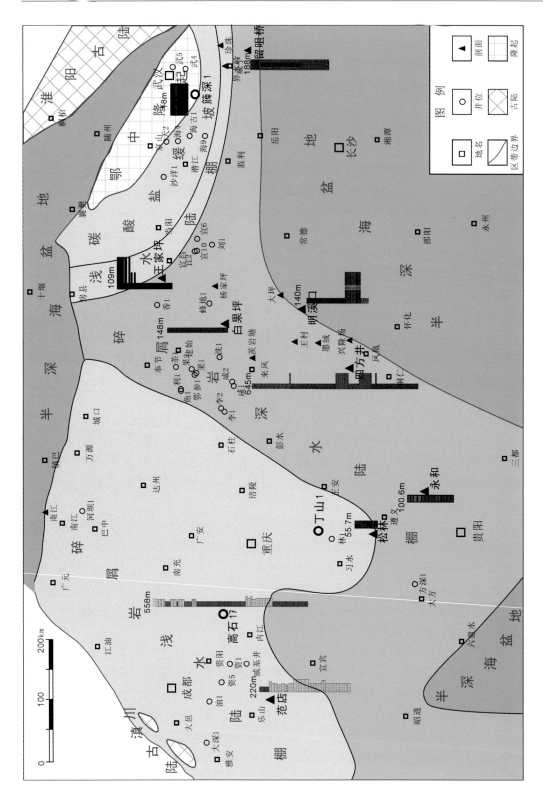

图3-29　中上扬子地区早寒武世牛蹄塘期岩相古地理分布图

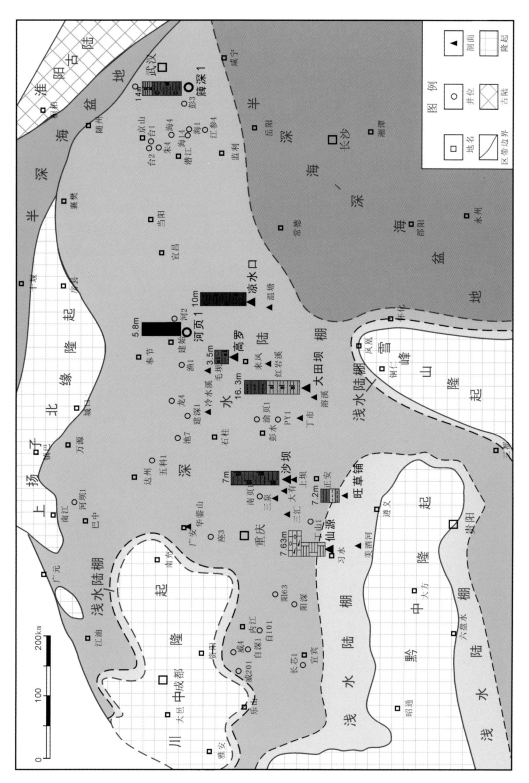

图 3-30 中上扬子地区晚奥陶世五峰期岩相古地理分布图

表了一组还原条件下形成的较深水的陆棚沉积环境。随后相对海平面开始下降,沉积水体变浅,沉积为灰色、灰绿色粉砂质泥页岩及泥质粉砂岩。

川中古隆起和上扬子北缘隆起周缘的川北江油—广元—巴中—房县以南和川东南充—广安—自贡以东地区,以及康滇古陆和黔中古隆起翼部的川南绥江—筠连—黔中习水—湄潭—石阡以北地区,雪峰山隆起和江南隆起周缘的湘西—鄂东地区主要为浅水陆棚沉积,岩性主要为灰色、深灰色的粉砂质泥页岩、泥质粉砂岩、砂岩;川南宜宾—泸州—南川—綦江,川东的石柱—涪陵,渝东南的武隆—彭水—黔江,黔东北的道真—德江及鄂西的利川—咸丰—来凤一带主要为深水陆棚沉积,岩性主要为富含笔石的黑色页岩,局部见放射虫、骨针等硅质生屑。

总体上,早志留世龙马溪早期的古地理环境与五峰期相比发生了重大改变,西部为川中隆起和上扬子北缘隆起控制川北、川东地区的物源供给、西南康滇古陆和黔中隆起、东南发育雪峰山隆起及江南隆起控制川南、黔中、湘西、鄂东地区的物源供给,最终形成了相带较窄的川北、川东、川南—黔中、湘西、鄂东浅水陆棚围绕着渝东—鄂西及川南—黔北—湘西地区深水陆棚的古地理格局,其中暗色页岩主要发育于深水陆棚环境中(图3-31)。

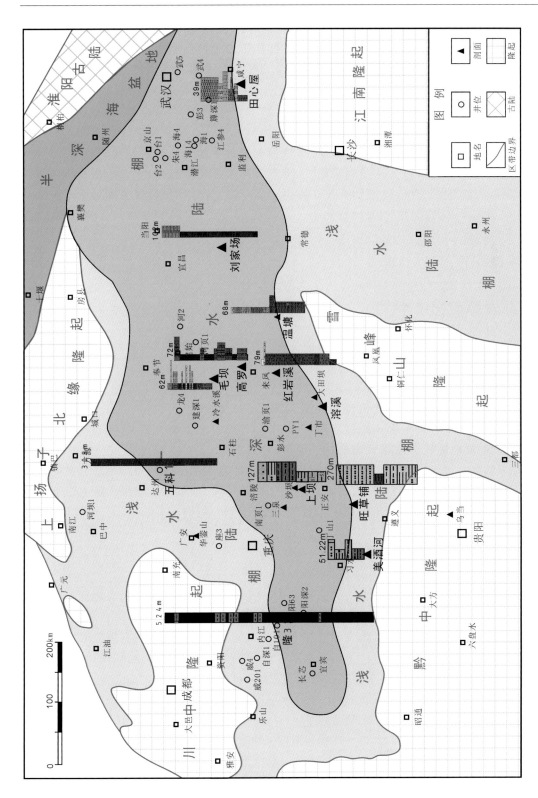

图3-31 中上扬子地区早志留世龙马溪期岩相古地理分布图

页岩气成藏条件分析 第四章

基于页岩气聚集机理及聚集过程研究,认为页岩气主要包括吸附气和游离气。因此,页岩气的成藏条件分析应该从控制吸附气、游离气含量方面进行探讨,包括富有机质页岩厚度、埋深、有机地球化学、储集物性及矿物组成、含气性及保存条件等方面。

第一节 页岩分布特征

一、页岩厚度分布特征

一般泥页岩要达到一定的厚度才能成为有效的烃源岩和储集层,对页岩气而言,其既做烃源岩又做储集层,页岩厚度要求应该更苛刻。因此泥页岩的厚度对页岩气聚集规模取到决定性作用(于炳松,2012)。

中上扬子地区下震旦统陡山沱组主要为灰黑色粉砂质泥岩、碳质泥岩,厚度一般为25~100 m,沉积中心位于鄂西地区鹤峰一带(图4-1);下寒武统牛蹄塘组黑色岩系的分布范围、厚度及有机碳含量在区域上基本稳定,差异不大,其岩层厚度为50~400 m,大部厚度大于100 m,沉积中心位于川南及湘鄂西地区鹤峰—龙山一带(图4-2);上奥陶统五峰组—下志留统龙马溪组以黑色泥页岩为主,局部夹粉-细砂岩,岩层厚度主要分布在40~200 m,平均为50 m左右,沉积中心位于川南及鄂西地区(图4-3)。

二、页岩埋深分布特征

泥页岩的埋深不仅影响页岩气的聚集,而且还影响页岩气的生产,只有埋深达到一定深度才能生成天然气,形成天然气的富集体;随着埋深的增加,压力逐渐增大,孔隙度减小,减小了游离气储集空间,但压力的增加有利于吸附气含量的增加(胡明毅等,2015;蒋裕强等,2010;刘树根等,2009)。圣胡安盆地上白垩统Lewis页岩厚度为152~579 m,埋深范围为914~1829 m;阿巴拉契亚盆地石炭系Ohio页岩厚度为91~305 m,埋深范围610~1524 m;密执安盆地泥盆系Antrim页岩厚度为49 m,埋深范围183~730 m;伊利诺斯盆地泥盆系New Albany页岩厚度为31~122 m,埋深范围183~1494 m;富特沃斯盆地泥盆系Barnett页岩厚度为61~91 m,埋深范围1981~2591 m。从美国已投入生产的页岩气层系厚度及埋深统计可知,页岩厚度一般大于30 m,埋深分布范围较大。Barnett页岩为美国最好的页岩气产层,其埋深较其余四套页岩气产层更深,由此可见埋深越大,

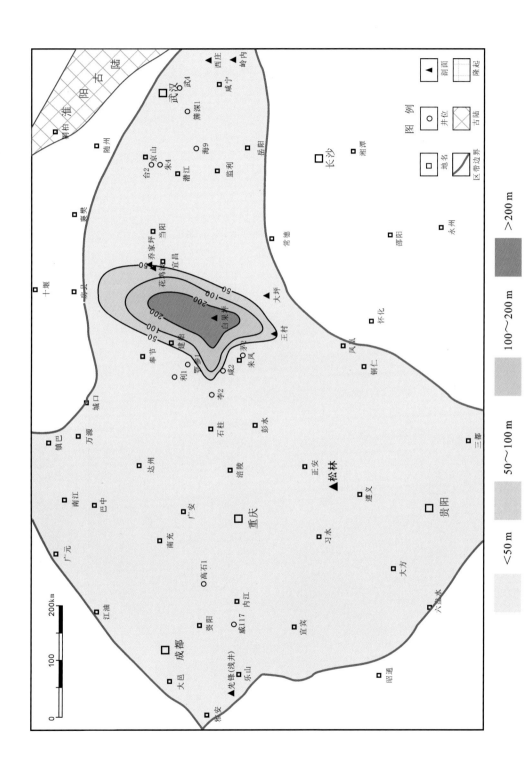

图 4-1　中上扬子地区下震旦统陡山沱组页岩厚度预测分布图

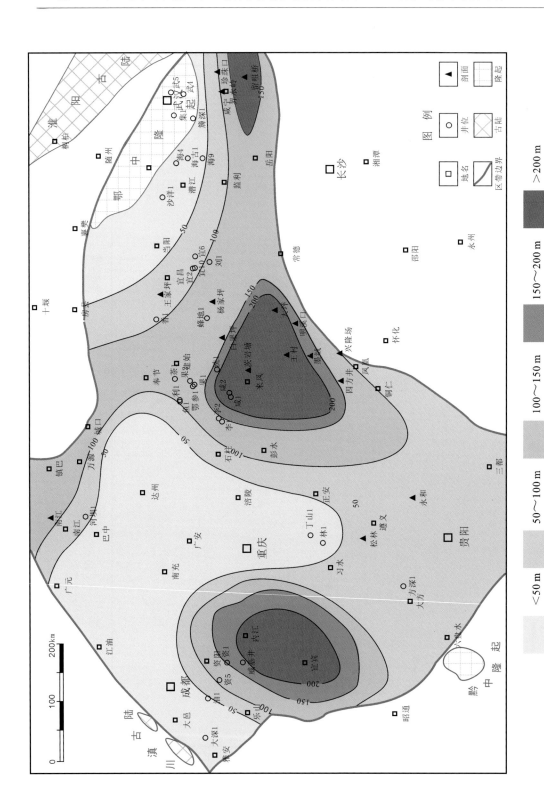

图 4-2 中上扬子地区下寒武统牛蹄塘组页岩厚度预测分布图

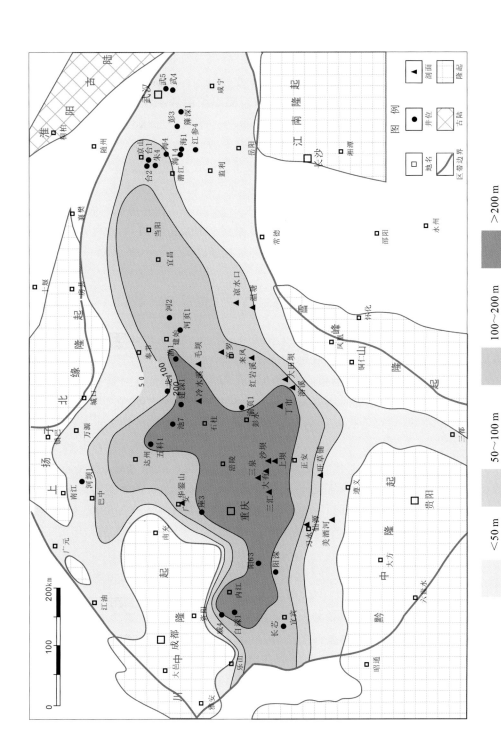

图 4-3　中上扬子地区上奥陶统五峰组—下志留统龙马溪组页岩厚度预测分布图

对页岩气的保存更有利(Strapoc et al.,2010)。

以钻井资料为基础,结合区域的构造、地质背景等资料认为中上扬子地区下震旦统陡山沱组、下寒武统牛蹄塘组、上奥陶统五峰组—下志留统龙马溪组泥页岩的埋深普遍较深,其中同一层位上扬子地区四川盆地内部泥页岩埋深最大,其次为中扬子地区的江汉平原区,最浅的地区为湘鄂西地区(胡明毅等,2014)。陡山沱组埋藏深度最深,主体埋深位于3000～7000 m,四川盆地埋深范围在6000～7000 m,江汉平原区埋深一般为5000～6000 m,湘鄂西地区埋深主体位于3000～4000 m(图4-4);牛蹄塘组泥页岩在四川盆地的东北部埋深达到5000～6000 m,川西埋深相对更大,一般为5000～7000 m,甚至达到9000 m。威远地区页岩埋深为3000～5000 m,川东南—黔北地区页岩埋深与威远地区相当;渝东南—湘鄂西地区页岩埋深相对较浅,为3000～4000 m,局部地区埋深较深,达到7000 m(图4-5)。五峰组—龙马溪组泥页岩埋深相对较浅,其中四川盆地大部埋深为2000～4000 m,江汉平原区埋深为2000～3000 m,湘鄂西地区大部分小于2000 m(图4-6)。

第二节　页岩储层有机地球化学特征

有机质丰度、有机质类型、有机质成熟度是评价富有机质泥页岩的三个重要指标。较高的有机质丰度、较好的有机质类型和适当的热演化程度是形成页岩气富集区的必要条件。国外学者通过实验得出有机质含量与吸附气含量呈现较好的正相关关系。有机质类型主要取决于沉积环境,其对生气能力有一定的影响。I型干酪根的生气能力较II型和III型干酪根更强。热演化程度决定了天然气的转化率,当热演化程度低时,有机质转化为天然气的量相对较少,随着热演化程度的增加,有机质转化率逐渐增加,生成的天然气量逐渐增加(Tang et al.,2015;付小东等,2008;郝芳等,2006,2002;黄第藩等,1984)。美国主要页岩气产层Lewis页岩TOC为0.45%～2.5%,R_o为1.6%～1.88%;Ohio页岩TOC<4.7%,R_o为0.4%～1.3%;Antrim页岩TOC为0.3%～24%,R_o为0.4%～0.6%;New Albany页岩TOC为1%～25%,R_o为0.4%～1.0%;Barnett页岩TOC为4.5%,R_o为1.0%～1.3%。从以上统计分析TOC和R_o表明,页岩气富集体中有机质含量一般超过2%,R_o一般要达到1.0%(即生油窗)。

中上扬子地区广泛分布着海相碳酸盐岩和碎屑岩,普遍具有沉积时代老、有机质丰度高、有机质热演化程度高、油气保存条件差等特征,岩性主要为碎屑岩深水陆棚相的泥质沉积。据马力等(2004)研究,此类富有机质泥页岩有机碳含量、氯仿沥青"A"、总烃含量、S_1+S_2等均变得较弱,无法与低演化条件下的已知富有机质泥页岩对比,以上值很低不一定说明富有机质泥页岩没有生烃,而是生成的烃绝大部分已经运移出去,至少到目前为止,还无法准确定量地恢复已运移走的那部分烃类物质。因此,高演化程度富有机质泥页岩评价不适宜直接采用国内单一有机地球化学评价方法,应该综合考虑有机碳含量、有机质类型、有机质成熟度三个方面进行评价(吴玉坤等,2013;腾格尔等,2006)。

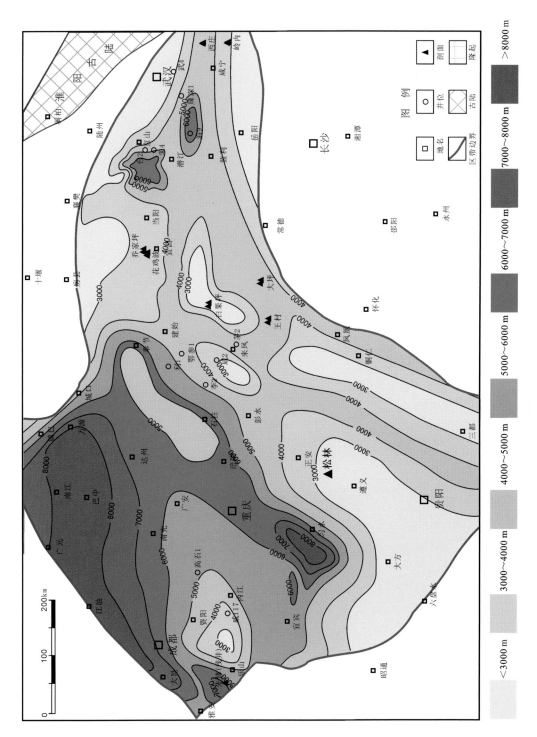

图 4-4 中上扬子地区下震旦统陡山沱组页岩埋深预测分布图

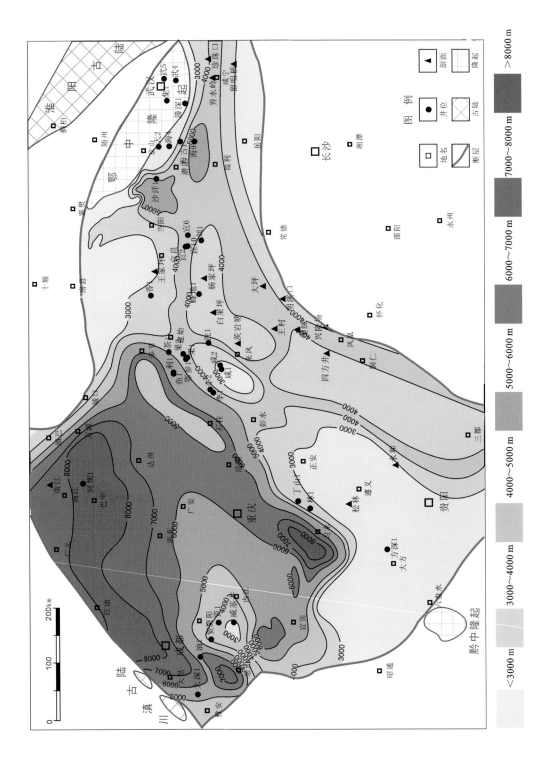

图 4-5　中上扬子地区下寒武统水井沱组页岩埋深预测分布图

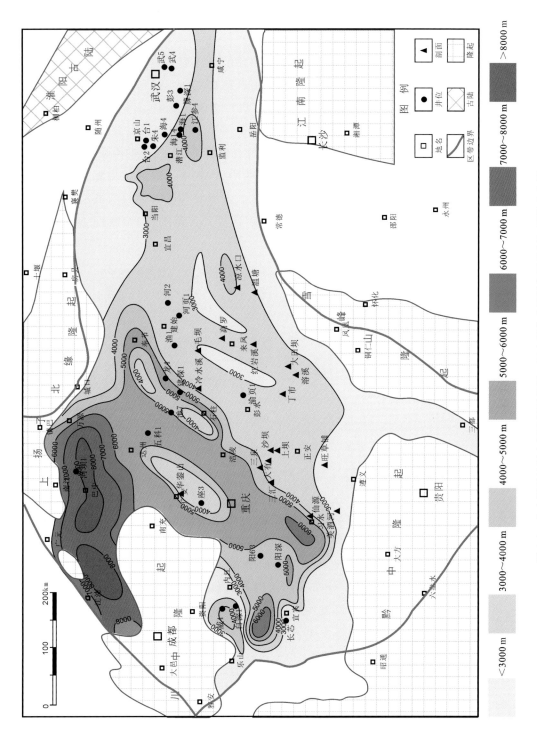

图 4-6　中上扬子地区上奥陶统五峰组—下志留统龙马溪组页岩埋深预测分布图

一、有机碳含量

有机质丰度是油气生成的物质基础,是衡量和评价烃源岩生烃潜力的重要指标。而常用的有机质丰度指标主要包括有机碳含量(TOC)、氯仿沥青"A"和生烃潜力(S_1+S_2)等,全岩有机显微组分含量也可以反映烃源岩中有机质丰度。其中,有机碳含量是目前评价有机质丰度及划分气源岩级别的重要依据(Hu et al.,2015a,2015b;Hu 2014;金吉能等,2012;钟宁宁等,2004)。根据对研究区大量的样品统计分析,结合前人研究成果,中上扬子地区不同层位富有机质泥页岩有机碳含量差别明显,其中下寒武统牛蹄塘组有机碳含量较高,下震旦统陡山沱组和上奥陶统五峰组—下志留龙马溪组泥页岩有机碳含量相对较低(图 4-7~图 4-9),且相同层位泥页岩有机碳含量变化范围较大,平面上分布存在较强差异。

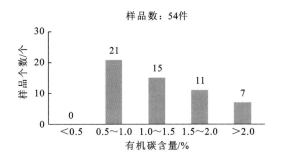

图 4-7　中上扬子地区陡山沱组
有机碳含量分布直方图

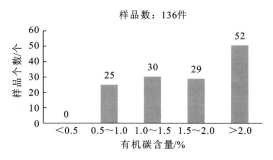

图 4-8　中上扬子地区牛蹄塘组
有机碳含量分布直方图

(一)陡山沱组 TOC 变化特征

中上扬子地区下震旦统陡山沱组泥页岩 TOC 分布范围为 0.11%~5.38%,平均值为1.41%;经过筛选后统计可知,TOC 主要分布在 0.5%~1.5%,占样品总数的 67%(图 4-7)。

下震旦统陡山沱组 TOC 纵向上和平面上的分布存在较大差异,其中纵向上宜昌花鸡坡剖面陡山沱组泥页岩层系主要分布在剖面的下部和顶部,泥页岩 TOC 为 0.37%~1.79%,平均值1.08%。其中下部厚度约为 90 m,岩性主要为黑色泥页岩夹粉砂质泥页岩,TOC 为 0.8%~1.6%;顶部厚度较小,约 10 m,岩性主要为黑色页岩,TOC 为1.3%~2.2%(图 4-10)。

由于沉积环境的差异性造成 TOC 平面上分布的强非均质性,由西向东有机碳含量逐渐增加,高值区位于湘鄂西张家界一带(图 4-11)。根据海相烃源岩有机碳含量单项评价标准认为研究区下震旦统陡山沱组富有机质泥页岩为较好气源岩,具备一定的含气性。

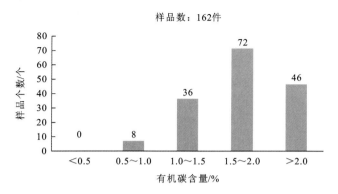

图 4-9 中上扬子地区五峰组—龙马溪组有机碳含量分布直方图

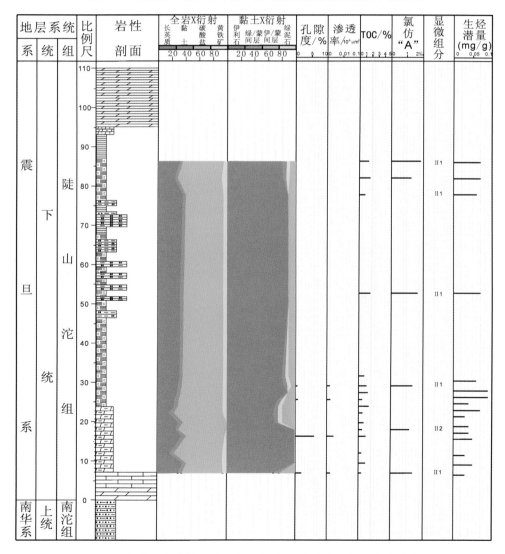

图 4-10 湖北宜昌花鸡坡剖面陡山沱组岩矿、地球化学和物性参数综合柱状图

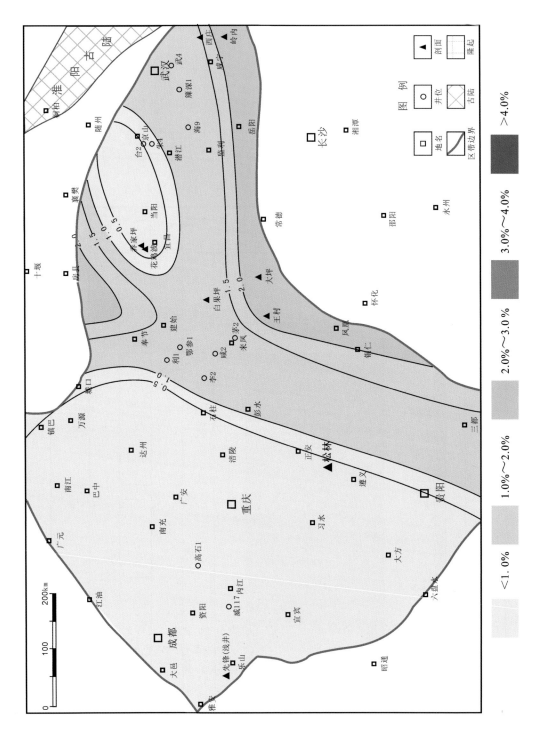

图 4-11　中上扬子地区陡山沱组有机碳含量预测图

（二）牛蹄塘组 TOC 变化特征

中上扬子地区下寒武统牛蹄塘组气源岩 TOC 分布范围为 0.15%～15.39%,平均值为 3.26%,经过筛选后统计可知,TOC 主要大于 1.5%,占整个样品总数的 60%(图 4-8)。

下寒武统牛蹄塘组 TOC 纵向上和平面上的分布存在较大差异。以湖北鹤峰白果坪剖面水井沱组为例,该剖面发育含气页岩,厚度为 150 m 左右,岩性主要为黑色碳质泥页岩,纵向上表现为底部有机碳含量相对较高 3%～5%(图 4-12),向上碳质含量相对减小,有机碳含量逐渐降低,变化范围为 1%～3%,钙质含量相对增加。平面上高值区位于黔北、渝东南及湘鄂西一带,低值区位于达州—宣汉及荆门—京山一带(图 4-13)。总体而言,下寒武统牛蹄塘组泥页岩段富有机质泥页岩连续沉积厚度大,有机碳含量高,认为其为好烃源岩,具备较好的含气性。

（三）五峰组—龙马溪组 TOC 变化特征

中上扬子地区上奥陶统五峰组—下志留统龙马溪组气源岩 TOC 分布范围为 0.02%～9.12%,平均值为 1.96%,经过筛选后统计可知,TOC 主要大于 1.5%,占整个样品总数的 75%(图 4-9)。

上奥陶统五峰组—下志留统龙马溪组有机碳含量纵向上和平面上的分布存在较大差异,其中利川毛坝剖面五峰组—龙马溪组底部发育厚度约 40 m 的含气页岩,五峰组岩性主要为硅质碳质泥页岩,有机碳含量较高为 2%～4%(图 4-14),龙马溪组底部为碳质硅质泥页岩,有机质含量高,向上碳质硅质含量逐渐减小,粉砂质含量增加,有机质含量减小至 1% 左右。五峰组—龙马溪组有机碳含量平面上的高值区位于石柱—酉阳及恩施—彭水一带,鄂东地区相对较低(图 4-15)。总体来说,上奥陶统五峰组—下志留统龙马溪组泥页岩段富有机质泥页岩沉积厚度较大,有机碳含量较高,为较好的烃源岩,具备一定的含气性。

通过大量的样品统计分析,并结合前人研究成果,结果表明研究区下震旦统陡山沱组、下寒武统牛蹄塘组、上奥陶统五峰组—下志留统龙马溪组富有机质泥页岩厚度较大、有机碳含量较高,为好的烃源岩,具备较好的含气性。

二、有机质类型

烃源岩有机质类型是油气形成的重要因素之一,它决定了烃源岩生烃能力的大小。不同成因类型有机质在油气组成、性质等方面都有明显的差异,对于一个地区的产烃能力、生气规模及组成性质都将产生重大影响。中上扬子地区由于烃源岩演化程度较高,干酪根元素的组成、红外官能团的结构性质判别指标受热演化程度影响较大,而干酪根镜检、干酪根碳同位素和热解分析这三项指标受热演化程度影响相对较小(胡海燕,2013)。通过这三项资料分析,中上扬子地区烃源岩中泥质岩母质类型以 II 型(腐殖型-腐泥型)为主,含少量 I 型干酪根。从干酪根类型上看,烃源岩生气潜力极大。

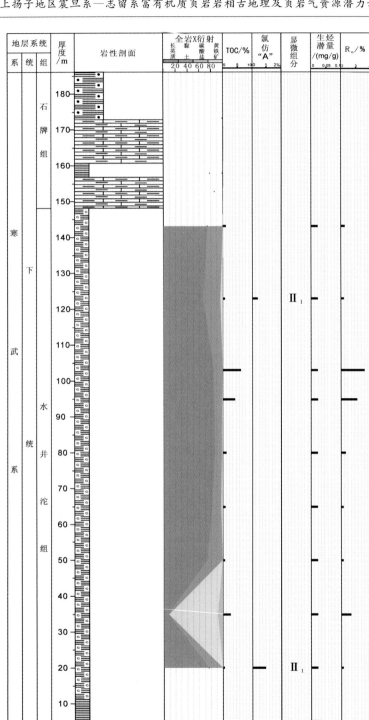

图 4-12　湖北鹤峰白果坪剖面下寒武统水井沱组岩矿、地球化学参数综合柱状图

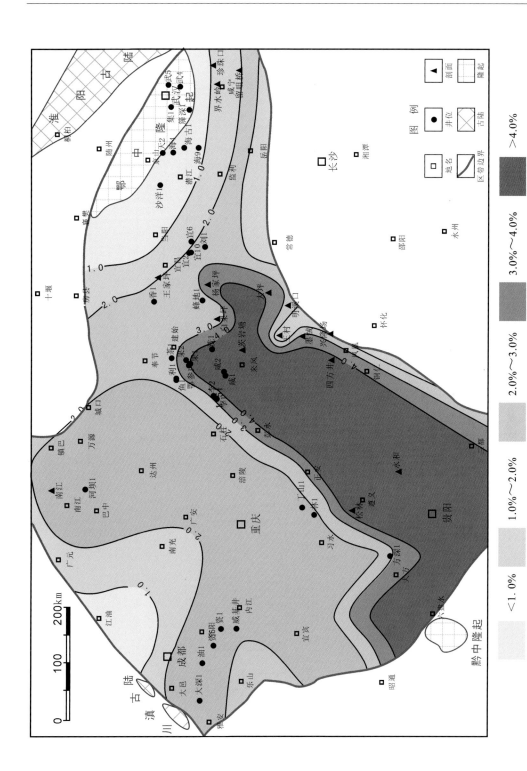

图 4-13　中上扬子地区牛蹄塘组有机碳含量预测图

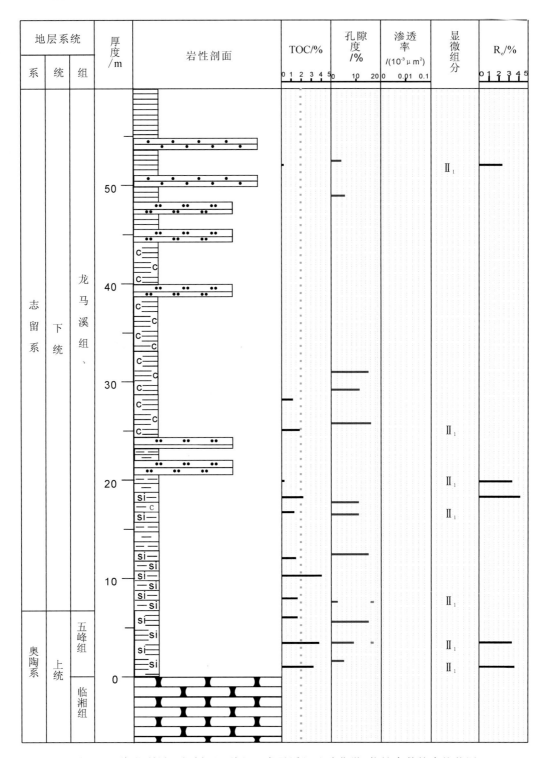

图 4-14　湖北利川毛坝剖面五峰组—龙马溪组地球化学、物性参数综合柱状图

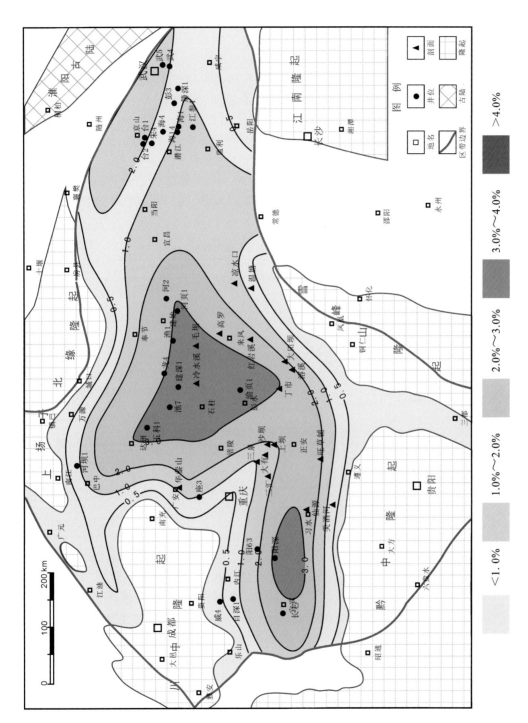

图 4-15 中上扬子地区五峰组—龙马溪组有机碳含量预测图

（一）干酪根镜检

气源岩中有机显微组分的含量和组成特征不仅可以反映有机质的丰度,还可以用来划分有机质的类型。

干酪根显微组分组成中镜质组（V）、惰性组（I）和壳质组（E）均系源于高等植物的有机质,其中镜质组（V）和惰性组（I）为典型的Ⅲ型有机质,壳质组（E）为典型的Ⅱ型有机质,而低等水生生物生源的藻类体和无定形物质为Ⅰ型有机质。因此,可以根据各类组分的相对含量来划分有机质类型。据胜利油田地质科学研究院提出的干酪根类型指数（TI）的概念,用各组分的百分含量进行加权计算:

$$TI=（腐泥组\times100＋壳质组\times50－镜质组\times75－惰性组\times100）/100 \qquad (4-1)$$

根据式（4-1）可对有机质（干酪根）类型进行综合评价:当 $TI>80$ 时为Ⅰ型;当 $0<TI<80$ 时为Ⅱ型;当 $TI<0$ 时为Ⅲ型（表4-1）。

表 4-1　干酪根类型 TI 划分标准（黄第藩等,1984）

干酪根类型	划分标准
Ⅰ型	$TI\geqslant80$
II_1型	$40<TI<80$
II_2型	$0<TI<40$
Ⅲ型	$TI<0$

根据中上扬子地区不同层位的83块气源岩样品的干酪根类型指数统计结果,总体上干酪根类型以 II_1 型为主,此外,下寒武统牛蹄塘组和五峰组—龙马溪组气源岩还含有部分 II_2 型（表4-2）。

表 4-2　中上扬子地区不同层位气源岩类型指数分布

层位	TI<0（III）样品数	0≤TI<40（II_2）样品数	40≤TI<80（II_1）样品数	TI≥80（I）样品数	样品总数
Z_1d	0	0	9	0	9
ϵ_1n	0	11	20	0	31
$O_3w—S_1l$	0	5	38	0	43

下寒武统牛蹄塘组富有机质泥页岩主要为Ⅰ型干酪根,也有少量的Ⅱ型干酪根。在川东地区泥页岩显微组分中腐泥组和沥青组含量高,镜质组和惰质组含量低,在干酪根扫描电镜中主要呈粒絮状、粒状、絮状和片状集合体,多为无定形,极少数样品中见木质纤维、镜质体,主要为Ⅰ型干酪根,属于生烃能力极强的干酪根;黔北地区黑色岩系中绝大部分为腐泥组,平均含量达87.5%,此类型干酪根与细菌和藻类有关,表明黑色岩系的有机质主要来源于藻类和菌类;修文县、习水县、金沙县岩孔镇等地牛蹄塘组样品的干酪根显微组分中的腐泥组含量为61.7%～92%,腐泥无定形体和碎屑体一般为藻质体、壳质体的原生组织破坏后的产物,生源输入以海生生物为主,均反映属于Ⅰ型干酪根。

上奥陶统五峰组—下志留统龙马溪组富有机质泥页岩干酪根在扫描电镜下主要为松软的粒状、絮片状、粒絮状、片状集合体,其有机质类型属腐泥型,个别样品中见镜质体和丝状体。从生物进化角度上,这一时期没有高等植物碎屑输入,这些镜质体可能是光性特征类似镜质组的有机显微组分,也可能是来源于藻类和藻类降解产物热解成烃后形成的镜状体。下志留统泥岩干酪根在扫描电镜下主要为无定形粒絮状、粒状集合体,部分样品中棱角状木质纤维和镜质体含量明显增加,干酪根属Ⅰ-Ⅱ₁型。

(二) 干酪根碳同位素

从中上扬子地区两套主要海相气源层系的干酪根 $\delta^{13}C$ 值分布图看出,研究区下寒武统牛蹄塘组气源岩原始生油母质类型以腐泥型为主,主要来自水生生物和藻类,属于好的气源岩;上奥陶统五峰组—下志留统龙马溪组气源岩原始生油母质类型以混合型为主,主要来自水生生物和藻类,属于较好的气源岩。

研究区海相古生界气源岩干酪根碳同位素表明,下寒武统牛蹄塘组泥页岩干酪根 $\delta^{13}C_{PDB}$ 为 $-26.82‰\sim-32.92‰$,平均为 $-30.05‰$,具有Ⅰ型干酪根的碳同位素特征,成烃潜力大。上奥陶统五峰组泥页岩干酪根 $\delta^{13}C_{PDB}$ 为 $-32.01‰\sim-30.82‰$,平均为 $-31.42‰$,具有Ⅰ型干酪根的碳同位素特征;下志留统龙马溪组泥页岩干酪根 $\delta^{13}C_{PDB}$ 为 $-29.68‰\sim-27.18‰$,平均为 $-28.39‰$,具有Ⅰ-Ⅱ型干酪根的特点(图 4-16)。

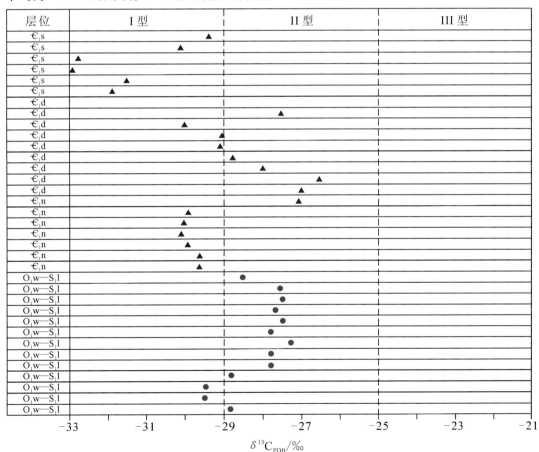

图 4-16　中上扬子地区不同层位干酪根碳同位素分布图

综合干酪根镜检和干酪根碳同位素分析可以得出,研究区内陡山沱组主要为 II_1 型干酪根;下寒武统牛蹄塘组主要为 II 型干酪根,有少量 I 型干酪根;上奥陶统五峰组—下志留统龙马溪组主要为 II_1 型干酪根。

三、有机质成熟度

富有机质页岩中有机质的热演化是一个复杂的地质-地球化学过程。页岩中原始有机质随热演化作用而发生生烃与排烃过程,其中剩余有机质和残留可溶的有机组分会随着进一步的埋深作用继续参与下一阶段的热演化过程。这种动态演化过程构成了有机质复杂的热演化史,它主要体现在可溶组分和不溶有机组分的化学组成和光学特征上。烃源岩中有机质的热演化史直接决定了生烃排烃史,也影响控制了油气的成藏过程,特别是南方古生界经过多期抬升与沉降的海相地层,有机质成熟度演化史对成藏的影响控制作用更加显著。在有机质的深埋过程中,不同地质条件会造成热演化作用和程度的差异,因此,不同层位、不同地区所经历的地质历史不同,就会有不同的热演化史,造成有机质成熟度的差异。

目前研究富有机质泥页岩中有机质热演化作用的方法和指标很多,但就海相富有机质泥页岩和前志留纪的高演化下古生界富有机质泥页岩而言,其有机质热演化作用的研究仍是当今有机地球化学领域中的难题。目前仍以有机质镜质体反射率、热解峰温等指标来确定有机质的成熟度。

（一）镜质体反射率 R_o

区内广泛分布的海相气源岩,尤其是早古生代海相气源岩由于一般缺乏高等植物的输入,通常无法用镜质体反射率直接对其进行成熟度评价,这是目前国际上油气研究中有待解决的一个重要问题,是一个国际性难题。表 4-3 是中上扬子地区各气源岩层成熟度划分标准。研究区内下震旦统陡山沱组、下寒武统牛蹄塘组、上奥陶统五峰组—下志留统龙马溪组气源岩镜质体反射率 R_o 一般为 $2.0\%\sim4.0\%$（图 4-17~图 4-19）。总体来说,研究区各层位均达到过成熟干气阶段。

表 4-3　海相富有机质泥页岩热演化阶段划分标准(石油天然气行业标准,2012)

演化阶段	成熟	高成熟	过成熟		
			早期	中期	晚期
$R_o/\%$	$0.6\sim1.0$	$1.0\sim1.35$	$1.35\sim2.0$	$2.0\sim3.0$	>3.0
油气形成阶段	成油阶段		凝析油、湿气阶段	干气阶段	

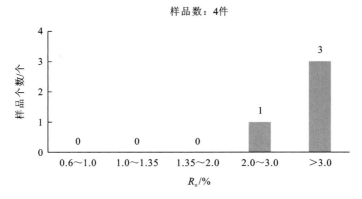

图 4-17　中上扬子地区陡山沱组 R_o 分布直方图

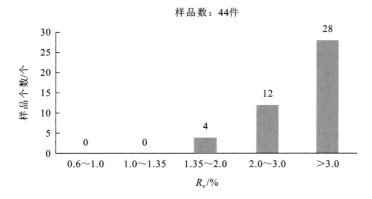

图 4-18　中上扬子地区牛蹄塘组 R_o 分布直方图

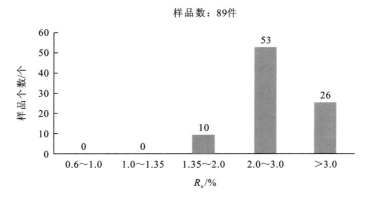

图 4-19　中上扬子地区五峰组—龙马溪组 R_o 分布直方图

1. 陡山沱组 R_o 特征

研究区下震旦统陡山沱组气源岩有机质成熟度 R_o 分布范围为 $2.71\% \sim 4.52\%$，平均为 3.65%（图 4-17）；从陡山沱组 R_o 平面分布看，有机质成熟度低值区位于江汉平原及永顺—秀山一带，研究区陡山沱组总体达到高-过成熟阶段（图 4-20）。

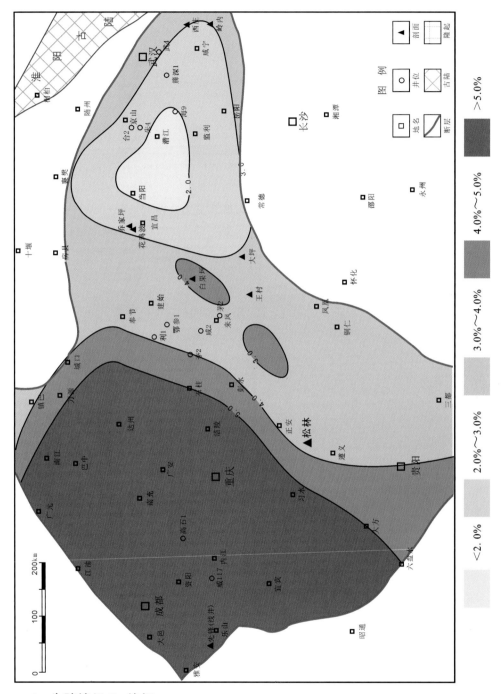

图 4-20　中上扬子地区陡山沱组有机质成熟度预测图

2. 牛蹄塘组 R_o 特征

研究区下寒武统牛蹄塘组气源岩有机质成熟度 R_o 分布范围为 $2.31\%\sim4.46\%$，平均为 3.52%（图 4-18）；从牛蹄塘组 R_o 平面分布看，有机质成熟度高值区位于黔北昭通、金沙、川东巴中—石柱及鹤峰一带，低值区位于重庆秀山—贵州瓮安一带，总体上来说，研究区下寒武统牛蹄塘组泥页岩达到高-过成熟阶段（图 4-21）。

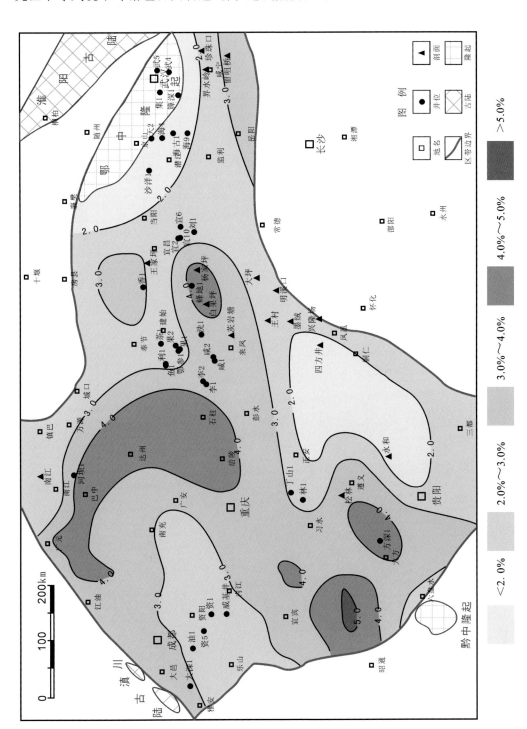

图 4-21 中上扬子地区牛蹄塘组有机质成熟度预测图

3. 五峰组—龙马溪组 R_o 特征

研究区上奥陶统五峰组—下志留统龙马溪组气源岩有机质成熟度 R_o 分布范围为 1.90%～4.21%，平均为 2.61%（图 4-19）；从五峰组—龙马溪组 R_o 平面分布看，有机质成熟度高值区位于黔北—川东一带，低值区位于湘西地区，整个研究区均符合页岩气富集的条件，研究区五峰组—龙马溪组总体达到高-过成熟阶段（图 4-22）。

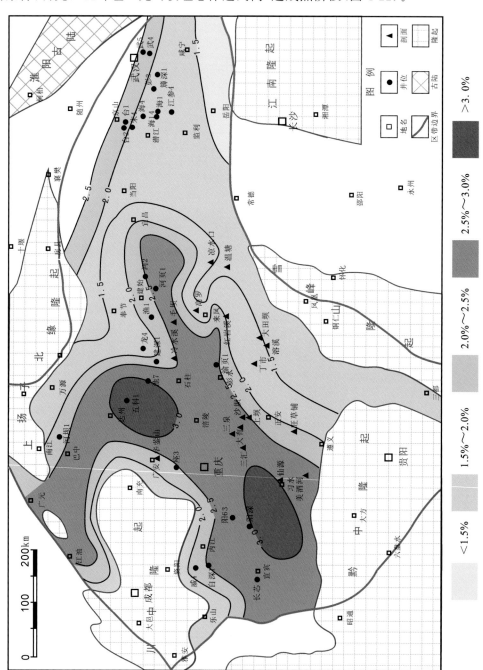

图 4-22 中上扬子地区五峰组—龙马溪组有机质成熟度预测图

（二）干酪根热解

中上扬子地区古生代泥页岩热解具有热解峰温 T_{max} 高，热解烃 S_2 和氢指数 HI 低的特点（表 4-4）。野外露头样品分析结果显示，古生界气源岩热解峰温 T_{max} 大都小于 500 ℃，只有陡山沱组和龙马溪组两个样品出现异常，热解峰温 T_{max} 大于 500 ℃，氢指数 HI 全部小于 100 mg 烃/gTOC，均处于过成熟阶段。中上扬子地区海相气源岩层位越新，T_{max} 值越低，层位越老，T_{max} 值越高，且随气源岩层位变老，T_{max} 值呈现出递增的趋势。如下震旦统陡山沱组海相气源岩 T_{max} 值为 348～550 ℃，平均为 465 ℃；而下寒武统牛蹄塘组海相气源岩的 T_{max} 值为 385～491 ℃，平均为 461 ℃，表明中上扬子地区层位越老的海相气源岩的有机质演化程度高于新地层的气源岩。

表 4-4　中上扬子地区各剖面海相气源岩热解参数表

剖面	层位	岩性	T_{max}/℃	S_1/(mg/g)	S_2/(mg/g)	HCI/(mg 烃/gTOC)	HI/(mg 烃/gTOC)
王村	Z_1d	泥岩	486	0.01	0.02	0.46	1.06
花鸡坡	Z_1d	泥岩	550	0.02	0.04	2.18	4.12
大坪	Z_1d	粉砂质泥岩	473	0.01	0.01	0.88	2.84
白果坪	Z_1d	泥岩	470	0.01	0.01	0.76	0.80
西庄	Z_1d	泥岩	348	0.02	0.02	3.3	—
白果坪	ϵ_1s	泥岩	462	0.01	0.01	0.54	1.08
大坪	ϵ_1s	粉砂质泥岩	463	0.01	0.02	0.13	0.43
茨岩塘	ϵ_1s	粉砂质泥岩	476	0.01	0.01	1.71	2.35
珍珠口	ϵ_1d	泥岩	470	0.01	0.03	5.2	—
界水岭	ϵ_1d	泥岩	385	0.02	0.03	4.0	—
兴隆场	ϵ_1n	泥页岩	491	0.01	0.03	4.5	—
明溪口	ϵ_1n	泥页岩	469	0.01	0.04	2.1	—
王村	ϵ_1s	泥岩	474	0.01	0.01	0.38	0.65
高罗	O_3w—S_1l	粉砂质泥岩	486	0.01	0.01	0.66	3.30
红渔坪	O_3w—S_1l	粉砂质泥岩	486	0.01	0.01	8.31	10.69
红岩溪	O_3w—S_1l	泥岩	518	0.00	0.01	0.12	4.90
沙塔坪	O_3w—S_1l	泥岩	485	0.00	0.01	2.22	4.40
田心屋	O_3w—S_1l	泥岩	445	0.01	0.02	8.0	—

从以上镜质体反射率和干酪根热解资料结果来看，中上扬子地区元古界—古生界气源岩有机质的热演化程度普遍较高，下震旦统陡山沱组、下寒武统牛蹄塘组及上奥陶统五峰组—下志留统龙马溪组海相气源岩大部分已经进入过成熟干气阶段。但是，由于气源岩演化的复杂性，高演化程度的气源岩有机质镜质体反射率影响因素较多，如原始沉积物在压实和成岩过程中异常压力的产生或存在，以及富氢镜质组都会对 R_o 值产生抑制作用，在同等演化程度下，煤的反射率最高，泥岩次之，碳酸盐岩最低，使得 R_o 值的变化更

加复杂。另外,由于下古生界海相地层上震旦统—二叠系地层中尚未出现高等植物,其干酪根组成中无镜质体,只能通过测试沥青反射率,然后根据经验公式换算而得。所以海相气源岩中可能出现原始物质直接转变的沥青和由原始物质热降解产物——沥青质和非烃转变成的高度聚合的沥青两组相差较大的沥青反射率值。因此,单独应用 R_o 值评价有机质成熟度应慎重,在研究成熟度时应综合考虑各种因素的影响。

第三节　页岩储层储集特征

　　在常规储层中,孔隙度是描述储层特性的一个重要方面。页岩气一般为自生自储。页岩作为储集层,多表现为较低的孔隙度(小于6%),当然也可以有很大的孔隙度(主要为裂缝型孔隙),且在这些孔隙里储存大量的游离气,即使在较老的岩层,游离气也可以充填孔隙的50%。游离气含量与孔隙体积的大小密切联系(陈吉和肖贤明,2013)。一般来说,孔隙体积越大,游离气含量就越大。当含气饱和度为0.5%的孔隙仅有接近5%的气体总体积[图4-23(a)],而孔隙度为4.2%的游离气充填量达到气体总体积的50%[图4-23(b)]。

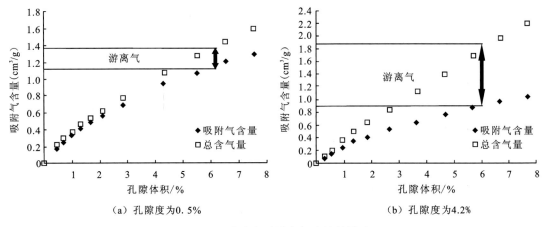

图 4-23　孔隙度对游离气含量的影响

　　通常泥页岩具有低孔隙度低渗透率的特点,基质孔隙度一般0.5%～6.0%,渗透率一般小于1 mD[①]。游离气的储集空间主要由孔隙和裂缝组成,其中孔隙有基质孔隙和有机质孔隙;裂缝有构造裂缝和成岩裂缝。随着埋深的增加,由于压实作用的影响基质孔隙度越来越小;随着热演化程度的增加,干酪根裂解为天然气,有机质孔隙越来越大。通过对美国已投入工业开采的地区页岩物性特征统计分析可知,Ohio 页岩含气孔隙度为2%,总孔隙度为4.7%;Antrim 页岩含气孔隙度为4%,总孔隙度为9%;New Albany 页岩含气孔隙度为5%,总孔隙度为10%～14%;Barnett 页岩含气孔隙度为2.5%,总孔隙度为4%～5%;Lewis 页岩含气孔隙度1%～3.5%,总孔隙度为3%～5.5%。总体来看,总孔

---

　　① 　1 mD=0.986923×10⁻³ μm²,毫达西。

隙度一般小于10％，含气孔隙度约占总孔隙度的40％～50％（陈文玲等，2013）。

一、矿物学特征

美国页岩气勘探开发证明，页岩气储层的泥页岩孔隙度和渗透率都很低，其裂缝体系的发育程度对页岩气的聚集和开发具有重要的影响。由图4-24可以看出，美国已成功开发的页岩分布在两个区域：博西尔（Bossier）页岩主体位于石英、长石和黄铁矿含量低于50％，碳酸盐岩含量为5％～90％，黏土含量通常低于70％的区域；Ohio页岩、Woodford/Barnett页岩位于碳酸盐岩含量低于25％，石英、长石和黄铁矿含量为25％～80％的区域内，黏土矿物含量为15％～65％，其中Barnett页岩黏土矿物含量通常小于50％，石英、长石、黄铁矿含量超过40％。当泥页岩中黏土矿物含量较少，硅质、碳酸盐等矿物较多时，岩石脆性较大，裂缝系统容易形成。硅质、灰质等脆性矿物富集的泥页岩比黏土矿物含量较多的泥页岩更容易产生裂缝，而页岩层系中的粉砂岩夹层等也可提高储层的渗透性。由此可见，分析泥页岩的矿物成分特征，进而寻找脆性较好的储层，对页岩气的勘探和开发具有重要的意义（胡明毅等，2013；吉利明和罗鹏，2012）。

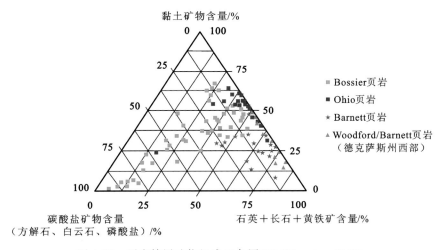

图4-24　页岩储层矿物组成三角图（Halliburtion，2009）

（一）矿物组成特征

1. 陡山沱组

通过对野外剖面采集的样品及井位的钻井岩屑、岩心进行全岩X衍射分析结果表明：陡山沱组矿物含量以碳酸盐矿物为主，其次为石英、长石等矿物（表4-5）。如宜昌三斗坪花鸡坡剖面下震旦统陡山沱组黏土矿物含量为1.07％～7.79％、石英含量为1.35％～31.10％、钾长石含量为0.76％～4.27％、斜长石含量为1.13％～5.67％、方解石含量为0.89％～92.65％、白云石含量为4.93％～78.74％、黄铁矿含量为0.45％～5.82％、菱铁矿含量为0.39％～1.24％。以碳酸盐矿物、黏土矿物和石英＋长石＋黄铁矿三个端元的分布特征如图4-25（a）和（b）所示，在剖面上的分布如图4-10所示。

表 4-5   中上扬子地区陡山沱组全岩 X 衍射分析统计一览表

剖面或钻井	样品数	矿物平均含量/%								
		黏土	石英	钾长石	斜长石	方解石	铁白云石	白云石	菱铁矿	黄铁矿
白果坪	17	8.89	24.18	1.45	4.16	13.22		58.90	0.60	1.23
大坪	5	12.00	66.61	14.23	6.79		2.65		0.82	0.75
花鸡坡	20	3.87	23.70	2.27	2.57	15.55		61.96	0.78	1.76
王村	8	27.90	57.43	1.74	12.74				0.50	

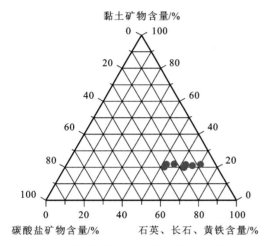

（a）花鸡坡陡山沱组页岩矿物组成三角图

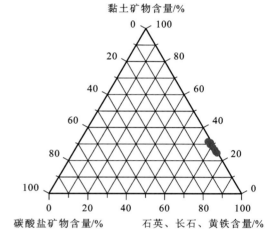

（b）王村陡山沱组页岩矿物组成三角图

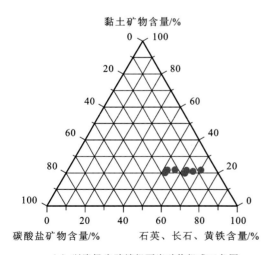

（c）兴隆场牛蹄塘组页岩矿物组成三角图

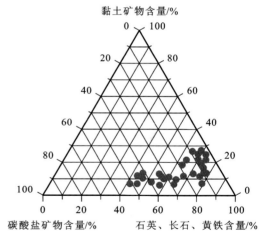

（d）宜10井水井沱组页岩矿物组成三角图

图 4-25   中上扬子地区富有机质页岩层段矿物组分三角图

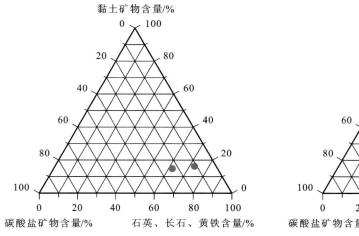

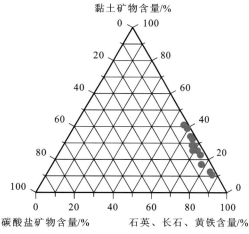

（e）田心屋龙马溪组页岩矿物组成三角图　　　（f）河页1龙马溪组粉砂质泥岩矿物组成三角图

图 4-25　中上扬子地区富有机质页岩层段矿物组分三角图（续）

2. 牛蹄塘组

牛蹄塘组矿物含量以石英矿物为主，其次为黏土矿物和碳酸盐矿物（表 4-6）。如兴隆场下寒武统牛蹄塘组剖面黏土矿物含量为 13.8%～20.4%、石英含量为 45.2%～71.6%、钾长石含量为 0.3%～1.9%、斜长石含量为 5.2%～14.6%、铁白云石含量为 0.3%～1.7%、黄铁矿含量为 0.2%～0.3%、菱铁矿含量为 0.1%～0.3%。以碳酸盐矿物、黏土矿物和石英＋长石＋黄铁矿矿物三个端元的分布特征如图 4-25（c）所示，在剖面上的分布如图 4-26 所示。

表 4-6　中上扬子地区牛蹄塘组全岩 X 衍射分析统计一览表

剖面或钻井	样品数	矿物平均含量/%								
		黏土	石英	钾长石	斜长石	方解石	铁白云石	白云石	菱铁矿	黄铁矿
李 1 井	12	22.8	42.2	1.4	10.4	20.8	3.2			
宜 10 井	16	10.4	46.3	1.69	6.7	27.9	4.9	8.9		2.1
白果坪	12	19.7	56.9	2.07	12.7	5.6	12.5		0.6	1.6
界水岭	7	20.3	43.7	0.6	9.3	16.5	0.3	0.6	0.9	1.4
兴隆场	10	16.8	64.8	1.1	8.9	2.0	1.0	1.6	1.5	0.2
明溪口	8	15.2	69.3	2.8	8.5	1.1	0.5	1.3	1.5	1.3
王家坪	6	19.4	18.8	5.8	2.7	31.5	17.7	11.4	1.0	4.9
大坪	8	15.1	66.8	10.4	5.9	0.7	2.6			1.9
王村	24	28.9	57.5	1.62	9	2.2	4.6		0.65	2.9

宜 10 井寒武系水井沱组黏土矿物含量为 2.82%～28.48%、石英含量为 10.47%～70.36%、钾长石含量为 1.38%～2.84%、斜长石含量为 3.13%～29.40%、方解石含量为 1.97%～76.25%、白云石含量为 2.38%～25.24%、黄铁矿含量为 0.73%～5.12%。各

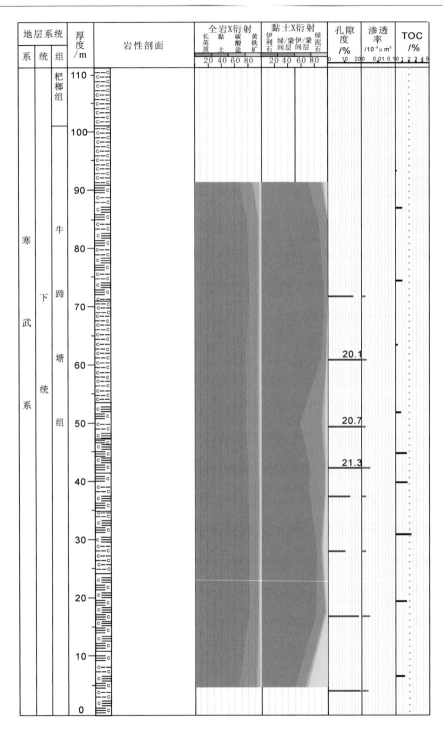

图 4-26　湖南兴隆场剖面牛蹄塘组岩矿、地球化学和物性参数综合柱状图

种矿物的平均含量见表 4-7。以碳酸盐矿物、黏土矿物和石英＋长石＋黄铁矿三个端元的分布特征如图 4-25(d)所示。

表 4-7　中上扬子地区五峰组—龙马溪组全岩 X 衍射分析统计一览表

剖面或钻井	样品数	矿物平均含量/%								
		黏土	石英	钾长石	斜长石	方解石	铁白云石	白云石	硬石膏	黄铁矿
河 2 井	21	29.58	57.77	1.97	10.92		2.63	3.12		
鱼 1 井	12	24.54	58.51	1.76	14.58	1.33	1.12		1.38	
高罗	107	20.77	67.9	2.79	8.15	1.85	1.38			2.83
河页 1	45	23.66	62.74	2.34	9.36	5.5				3.63
红鱼坪	8	30.19	56.18	1.03	10.92	1.4	0.87			1.75
红岩溪	28	25.25	56.12	3.63	11.49	1.07	11.25			1.67
凉水口	3	25.86	65.05	1.7	5.96	1.02				0.94
田心屋	2	18.8	56.3	1.4	6.1	6.1		1.9	6.8	2.9

3. 五峰组—龙马溪组

五峰组—龙马溪组矿物含量以石英矿物为主,其次为黏土矿物(表 4-7)。如崇阳田心屋下志留统龙马溪组泥岩段黏土矿物含量为 16.0%～21.6%、石英含量为 63.4%～72.3%、钾长石含量为 0.8%～1.9%、斜长石含量为 3.6%～8.5%、方解石含量为 3.1%～9.1%、黄铁矿含量为 2.9%～3.0%。以碳酸盐矿物、黏土矿物和石英＋长石＋黄铁矿矿物三个端元分布特征如图 4-25(e)所示,在剖面上的分布如图 4-27 所示。

河页 1 井志留系龙马溪组 2 001～2 145 m 泥岩黏土矿物含量为 8.83%～40.12%、石英含量为 44.63%～77.86%、钾长石含量为 1.28%～2.55%、斜长石含量为 5.52%～25.45%、方解石含量为 1.29%～3.59%、黄铁矿含量为 0.84%～2.95%。各种矿物的平均含量见表 4-7。以碳酸盐矿物、黏土矿物和石英＋长石＋黄铁矿矿物三个端元的分布特征如图 4-25(f)所示。

综上所述,研究区自陡山沱组—牛蹄塘组到五峰组—龙马溪组,随沉积环境的变化黏土矿物含量逐渐增加,碳酸盐岩矿物含量逐渐减少。

(二) 黏土矿物特征

通过研究区内剖面和钻井岩心页岩段黏土矿物 X 衍射分析表明,陡山沱组黏土矿物总量平均分布范围为 3.87%～31.8%(表 4-8),平均为 14.5%,绿/蒙间层(C/S)、伊/蒙间层(I/S)、伊利石(I)、高岭石(K)和绿泥石(C)含量在不同区域发育特征存在较大差异,如鹤峰地区(白果坪剖面)均有发育,宜昌地区(花鸡坡剖面)高岭石含量少,永顺(王村剖面)—张家界(大坪剖面)一线绿/蒙间层、高岭石和绿泥石含量较少或没有;牛蹄塘组页岩段黏土矿物含量平均分布在 10.4%～28.9%,平均为 18.7%,总体高于陡山沱组,黏土矿物主要有伊/蒙间层、伊利石和绿泥石,其中尤以伊利石含量最高(表 4-8);五峰组—龙马溪组页岩段黏土矿物含量平均分布在 18.8%～30.1%,平均为 26.5%,均高于陡山沱组和牛蹄塘组,黏土矿物主要有伊/蒙间层、伊利石和绿泥石,其中尤以伊利石含量最高(表 4-8)。

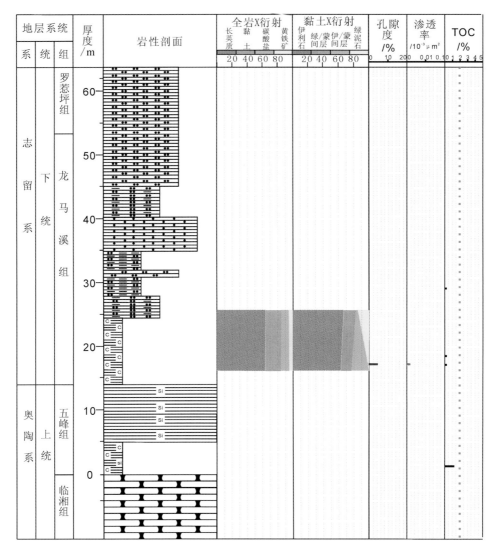

图 4-27 湖北崇阳田心屋剖面五峰组—龙马溪组岩矿、地球化学和物性参数综合柱状图

表 4-8 中上扬子地区重点页岩层段黏土 X 衍射分析统计一览表

剖面或钻井	层位	样品数	黏土总量/%	黏土矿物平均含量/%									
				绿/蒙间层(C/S)		伊/蒙间层(I/S)		伊利石(I)		高岭石(K)		绿泥石(C)	
				相对	绝对	相对	绝对	相对	绝对	相对	绝对	相对	绝对
白果坪	Z_1d	5	8.89	54.60	5.58	6.80	0.68	5	0.49	19	1.89	14.60	1.49
大坪	Z_1d	2	12			35.00	5.06	51.00	6.76			28.00	4.61
花鸡坡	Z_1d	20	3.87	79.44	2.85	5.63	0.25	4.7	0.19			14.81	0.57
王村	Z_1d	2	27.9			28.50	9.07	71.50	22.73			36.17	8.07

续表

剖面或钻井	层位	样品数	黏土总量/%	黏土矿物平均含量/%									
				绿/蒙间层(C/S)		伊/蒙间层(I/S)		伊利石(I)		高岭石(K)		绿泥石(C)	
				相对	绝对	相对	绝对	相对	绝对	相对	绝对	相对	绝对
李1井	€₁s	12	22.8			19.50	4.40	44.33	10.30			18.25	1.95
宜10井	€₁s	16	10.4			33.56	3.42	48.19	5.00				
大坪	€₁s	3	15.1			38.33	4.14	61.67	6.81			10.00	2.64
王村	€₁s	6	28.9			23.67	5.81	73.00	17.56			17.86	5.18
界水岭	€₁d	7	20.3			13.43	0.41	13.43	12.70	2.00	0.41	20.29	4.12
兴隆场	€₁n	10	16.8	8.00	1.34	16.00	0.38	16.00	12.80	2.29	0.38	6.75	1.13
明溪口	€₁n	8	15.2			14.25	0.86	14.25	12.14	5.67	0.86	2.33	0.35
王家坪	€₁s	6	19.4	4.50	0.87	12.54	0.95	12.54	13.78	4.89	0.95	13.37	2.59
河2井	O₃w—S₁l	21	29.58			23.29	6.87	58.86	17.53			24.51	4.67
高罗	O₃w—S₁l	71	20.77			17.83	3.59	66.63	14.08			18.93	5.01
河页1	O₃w—S₁l	14	23.66			38.43	10.11	42.64	11.37			19.40	6.17
红岩溪	O₃w—S₁l	5	25.25			36.00	9.91	44.60	11.75			13.50	4.86
田心屋	O₃w—S₁l	2	18.8			12.00	2.35	68.00	12.78	12.50	2.35	15.00	2.82

　　页岩的主要黏土矿物为伊利石、蒙脱石、高岭石和绿泥石。不同的黏土矿物对天然气的吸附能力有着明显的差别。在30℃温度条件下，干黏土 CH_4 吸附实验结果表明：伊利石和蒙脱石吸附 CH_4 能力明显高于高岭石。中上扬子地区黏土矿物含量中伊利石含量普遍较高，有利于吸附气的大量富集。

二、孔渗分布特征

　　岩石孔隙是页岩气赋存的重要储集空间和确定游离气含量的关键参数。根据统计分析，有平均50%左右的页岩气存储在页岩基质孔隙中。页岩结构致密，孔隙发育较差，一般为特低孔渗储集层，以发育多类型微米甚至纳米级孔隙为特征，包括颗粒间微孔、黏土片间微孔、颗粒溶孔、溶蚀杂基内孔、粒内溶蚀孔及有机质孔等。孔隙大小一般小于2 mm，有机质孔喉一般为100～200 nm，比表面积大，结构复杂，丰富的内表面积可以通过吸附方式储存大量气体（张士万等，2014；王玉满等，2012；Bustin et al.，2009；Javadpour，2009）。

　　一般页岩的基质孔隙度为0.5%～6.0%，众数多为2%～4%。中上扬子地区陡山沱组、水井沱组、龙马溪组泥页岩实测结果：陡山沱组泥页岩孔隙度为0.61%～13.3%，平均为5.45%（图4-28）；渗透率为 $0.010 \times 10^{-3} \sim 0.442\,0 \times 10^{-3}$ μm^2（图4-29）；水井沱组泥页岩孔隙度为0.4%～21.3%，平均为7.05%（图4-28）；渗透率为 $0.006 \times 10^{-3} \sim 0.496 \times 10^{-3}$ μm^2（图4-29）；龙马溪组泥页岩孔隙度为0.47%～14.90%，平均为4.57%（图4-28）；渗透率为 $0.004 \times 10^{-3} \sim 0.917 \times 10^{-3}$ μm^2（图4-29）。

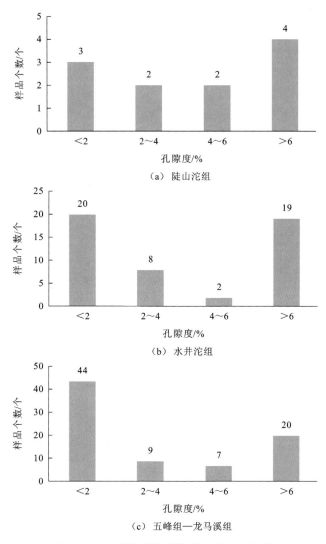

（a）陡山沱组

（b）水井沱组

（c）五峰组—龙马溪组

图 4-28　各层位泥页岩孔隙度分布直方图

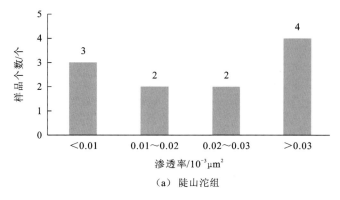

（a）陡山沱组

图 4-29　各层位泥页岩渗透率分布直方图

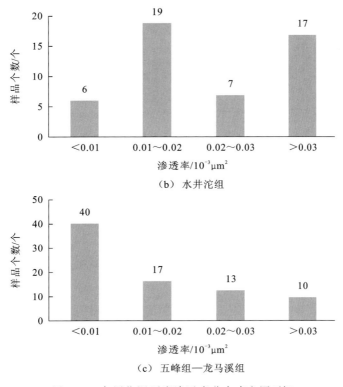

图 4-29　各层位泥页岩渗透率分布直方图(续)

（一）陡山沱组

宜昌花鸡坡剖面陡山沱组泥页岩孔隙度为 0.61％～6％，平均为 2.4％；渗透率为 0.010×10^{-3}～0.021×10^{-3} μm^2；宜昌乔家坪剖面陡山沱组泥页岩孔隙度为 0.76％～6.96％，平均为 3.86％；渗透率为 0.0081×10^{-3}～0.0082×10^{-3} μm^2；白果坪陡山沱组剖面泥页岩孔隙度为 2.7％～13.3％，平均为 8.6％；渗透率为 0.024×10^{-3}～0.242×10^{-3} μm^2。

（二）牛蹄塘组

瓮安永和剖面牛蹄塘组泥页岩孔隙度为 1.3％～2.4％，平均为 1.9 ％，渗透率为 0.211×10^{-3}～0.244×10^{-3} μm^2，平均为 0.229×10^{-3} μm^2；丁山 1 井牛蹄塘组在 3485.60～3494.51 m 井段泥页岩孔隙度为 0.71％～0.93％，平均为 0.81％，渗透率为 0.0052×10^{-3}～0.0245×10^{-3} μm^2，平均为 0.0086×10^{-3} μm^2；资 2 井寒武系筇竹寺组泥页岩孔隙度为 1.00％～2.69％，平均为 1.58％；资 3 井寒武系筇竹寺组泥页岩孔隙度为 1.00％～2.69％，平均 1.58％；威 00122 井的测井解释结果表明，筇竹寺组 298 2.75 m 以下页岩段的孔隙度为 0.69％～3.08％，平均为 1.64％，渗透率为 0.001×10^{-3}～0.11×10^{-3} μm^2，平均为 0.019×10^{-3} μm^2；四方井剖面牛蹄塘组泥页岩孔隙度为 0.5％～15.5％，平均为 5.7％，渗透率为 0.009×10^{-3}～0.035×10^{-3} μm^2；墨绒剖面牛蹄塘组泥

页岩孔隙度为 $0.4\%\sim18.9\%$，平均为 5.2%，渗透率为 $0.008\times10^{-3}\sim0.029\times10^{-3}\ \mu m^2$；明溪口剖面牛蹄塘组泥页岩孔隙度为 $3.5\%\sim15.3\%$，平均为 10.7%；渗透率为 $0.010\times10^{-3}\sim0.032\times10^{-3}\ \mu m^2$；兴隆场剖面牛蹄塘组泥页岩孔隙度为 $9.9\%\sim21.3\%$，平均为 17.5%，渗透率为 $0.012\times10^{-3}\sim0.032\times10^{-3}\ \mu m^2$；宜 10 井寒武系水井沱组泥页岩孔隙度为 $0.80\%\sim3.7\%$，平均为 2.06%；渗透率为 $0.006\times10^{-3}\sim0.496\times10^{-3}\ \mu m^2$，井深 436 m 处出现破裂带；通山界水岭剖面东坑组泥页岩孔隙度为 $9.8\%\sim13.4\%$，平均为 9.8%；渗透率为 $0.044\times10^{-3}\sim0.062\times10^{-3}\ \mu m^2$。

（三）五峰组—龙马溪组

习水骑龙五峰组—龙马溪组泥页岩孔隙度为 $0.7\%\sim3.9\%$，平均为 2.2%，渗透率为 $0.202\times10^{-3}\sim0.219\times10^{-3}\ \mu m^2$，平均为 $0.211\times10^{-3}\ \mu m^2$；道真上坝五峰组—龙马溪组泥页岩孔隙度为 $3.8\%\sim6.7\%$，平均为 5.3%，渗透率为 $0.132\times10^{-3}\sim0.819\times10^{-3}\ \mu m^2$，平均为 $0.5\times10^{-3}\ \mu m^2$；红渔坪志留系龙马溪组泥页岩孔隙度为 $0.67\%\sim0.77\%$，平均为 0.72%，渗透率 $0.033\times10^{-3}\sim0.171\times10^{-3}\ \mu m^2$；龙山红岩溪志留系龙马溪组泥页岩孔隙度为 $0.47\%\sim0.64\%$，平均为 0.57%，渗透率为 $0.013\times10^{-3}\sim0.030\times10^{-3}\ \mu m^2$；咸丰小村乡小腊壁志留系龙马溪组泥页岩孔隙度为 $14\%\sim24.2\%$，平均为 18.5%；高罗镇板辽村志留系龙马溪组泥页岩孔隙度为 $0.99\%\sim25.8\%$，平均为 8.8%，渗透率为 $0.004\times10^{-3}\sim1.64\times10^{-3}\ \mu m^2$；河页 1 井志留系龙马溪组泥页岩孔隙度为 $0.82\%\sim1.84\%$，平均为 2.4%，渗透率为 $0.002\,12\times10^{-3}\sim0.007\,01\times10^{-3}\ \mu m^2$。

通过以上大量的孔隙度和渗透率的统计分析表明，牛蹄塘组孔隙度最大，其次为陡山沱组，孔隙度最小的为五峰组—龙马溪组；渗透率陡山沱组最好，其次为牛蹄塘组，五峰组—龙马溪组最小。孔隙度和渗透率呈较好的正相关关系，随孔隙度的增大，渗透率也是增大的，且随裂缝的发育渗透率快速增加（图 4-30）。五峰组—龙马溪组孔隙度和渗透率都最小主要是由于其黏土矿物含量最高，脆性矿物含量相对较小决定的。从孔隙类型分析孔隙度大小的影响因素包括沉积环境、沉积相、演化历史、成岩作用阶段、有机碳含量、矿物组成和密度等。其中，矿物组成和密度等可以定量地反映孔隙度的相关性，矿物组成主要包括石英含量、黏土矿物含量、碳酸盐矿物含量等，其中石英含量和孔隙度呈正相关关系[图 4-31(a)]，黏土矿物含量和孔隙度相关性不明显，碳酸盐矿物含量和孔隙度呈负相关关系[图 4-31(b)]。由于页岩在原始沉积的时候，孔隙度非常大，在后期的埋藏压实、成岩等作用过程中，孔隙度不断减小，而石英为刚性矿物，抗压实能力比较强，因此，随着石英含量的增加，抗压实能力也增强，相应的孔隙度也就较大。碳酸盐矿物主要是页岩沉积后演化过程中形成的，主要以方解石的形式充填在原生孔隙或裂缝中，因此，方解石（碳酸盐矿物）的存在导致孔隙度降低。密度和孔隙度呈负相关关系，随密度的增大，孔隙度减小。

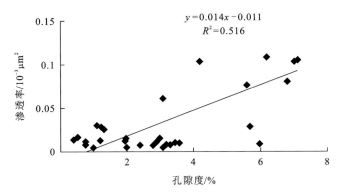

图 4-30　中上扬子地区暗色泥页岩孔隙度和渗透率的关系

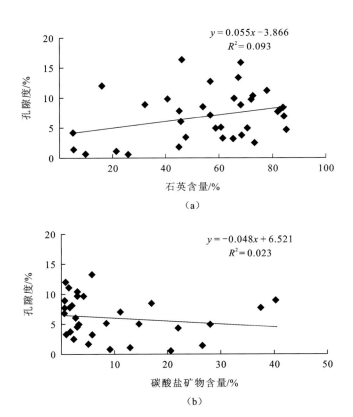

（a）

（b）

图 4-31　中上扬子地区暗色泥页岩石英和碳酸盐矿物含量与孔隙度的关系

三、储集空间类型

北美地区页岩气成功勘探极大地推动了国内外学者对富有机质泥页岩的研究。研究认为,页岩看似铁板一块,实则"千疮百孔",并提出了页岩微储层(纳米级孔隙)的概念。页岩中看似孤立单一的孔隙,其实是由平直、狭小的喉道连接的,孔隙具有复杂的内部结构多孔隙复合的特征。基质渗透率极低(毫微达西级)的页岩储层中,由于孔隙极其微细而且连通性极差,储集在基质孔隙中的天然气很难排出。

由于页岩气主要由吸附气和游离气两部分组成。影响游离气含量大小的主要因素是页岩基质孔隙的大小和天然裂缝的发育程度,二者为正相关关系;中上扬子地区页岩微孔隙和微裂隙非常发育,孔隙类型丰富,包括矿物间微孔隙、黏土片间微缝隙与微孔隙、矿物颗粒溶蚀铸模微孔隙、溶蚀杂基内孔隙、粒内溶蚀微孔隙以及微裂缝等(表 4-9,图 4-32～图 4-36)。微孔隙直径一般为 $0.1\sim1\ \mu m$、部分为 $1\sim8\ \mu m$,细微裂缝规模一般为 $10\sim23\ \mu m$。微孔隙分布呈蜂窝状,连通性差(韩双彪等,2013;于炳松,2013;Curtis et al.,2012;梁超等,2012;龙鹏宇等,2012;Milner et al.,2010)。鉴于孔隙种类对页岩储集类型、含气特征、聚气特征和气体产出等有重要影响,按孔隙类型进行划分,分为有机质孔(沥青)或干酪根网络、矿物质孔(矿物比表面、晶内孔、晶间孔、溶蚀孔和杂基孔隙等)以及有机质和各种矿物之间的孔隙三类(表 4-9),这些孔隙是主要的储集空间,赋存了大量的天然气,孔隙度大小直接控制着天然气的含量(Loucks et al.,2012;Roger and Neal,2011;Slatt and O'Neal,2011;Loucks and Ruppel,2007)。

表 4-9　页岩气储层分类及气体赋存、运移方式

裂缝/孔隙类型			特征	赋存方式	运移方式
孔隙	有机质孔		有机质(沥青)孔或干酪根网络,孔径一般为纳米级	吸附态	扩散
	矿物质孔	矿物比表面	几至几十平方米每克	吸附态	扩散
		晶内孔	纳米级、微米级	游离态或吸附态	渗流或扩散
		晶间孔	各种晶间孔隙,孔径为纳米级、微米级		
		溶蚀孔	一般为微米级,个别为毫米级		
		基质孔隙	纳米级或微米级		
	有机质和矿物质间孔		孔径一般为纳米级		
裂缝	巨型裂缝		宽度:>1 mm;长度:>10 m	游离态	渗流
	大型裂缝		宽度:毫米级;长度:1～10 m	游离态	渗流
	中型裂缝		宽度:0.1～1 mm;长度:0.1～1 m	游离态	渗流
	小型裂缝		宽度:0.01～0.1 mm;长度:0.01～0.1 m	游离态	渗流
	微型裂缝		宽度:<0.01 mm;长度:<0.01 m	游离态	渗流

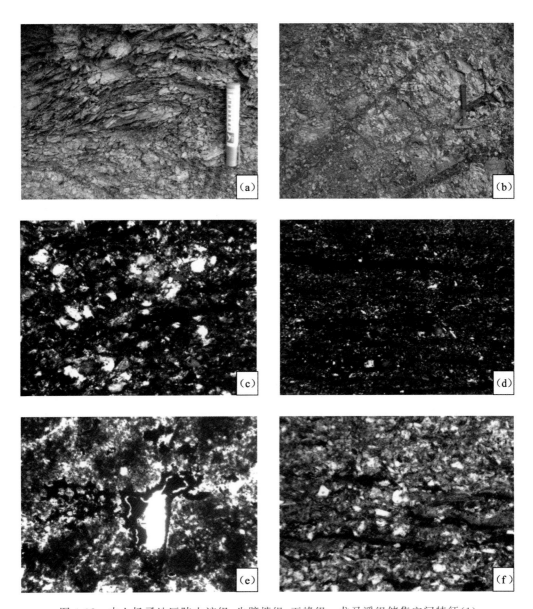

图 4-32　中上扬子地区陡山沱组、牛蹄塘组、五峰组—龙马溪组储集空间特征(1)

(a)黑色碳质泥页岩,球状风化,牛蹄塘组,瓮安县永和剖面;(b)黑色块状碳质泥岩,上部 X 型节理发育,牛蹄塘组,遵义松林剖面;(c)溶蚀孔,溶蚀缝被沥青充填,瓮安永和剖面,牛蹄塘组,×10,正交光,样品编号 YH3-1,岩性为灰黑色粉砂质泥岩;(d)次生溶蚀孔隙、溶蚀缝发育呈顺层状分布,被沥青充填,×10,正交光,瓮安永和剖面,牛蹄塘组,样品编号 YH7-1,岩性为灰黑色泥质页岩;(e)次生溶蚀孔隙发育,方解石溶蚀,沥青充满整个孔隙,遵义松林剖面,牛蹄塘组,×10,单偏光,样品编号 SL1,岩性为灰黑色硅质钙质泥岩;(f)微裂缝发育呈顺层状分布,秀山大田坝剖面,五峰组,样品编号 DTB4,岩性为灰黑色粉砂质泥岩

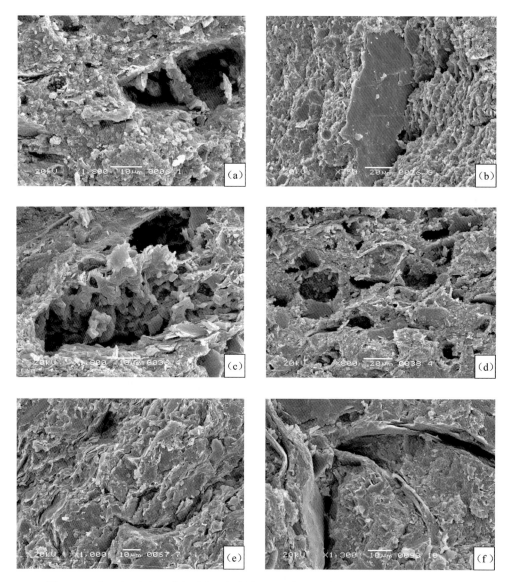

图 4-33 中上扬子地区陡山沱组、牛蹄塘组、五峰组—龙马溪组储集空间特征(2)

(a) 次生溶蚀孔隙孔径 $15 \times 40 \mu m$,其中可见微晶长石颗粒(能谱标定),瓮安永和剖面,牛蹄塘组,样品编号 YH1-2,岩性为灰黑色硅质碳质泥岩;(b) 片状黏土矿物及云母碎片呈鳞片状结构,见顺层贴粒微缝,瓮安永和剖面,牛蹄塘组,样品编号 YH7-1,岩性为灰黑色泥质页岩;(c) 长石颗粒被溶蚀破碎形成次生溶蚀孔隙(能谱标定),遵义松林剖面,牛蹄塘组,样品编号 SL2,岩性为黑色碳质泥岩;(d) 次生溶蚀孔隙发育呈蜂巢状分布,孔径为 $3 \sim 20 \mu m$,岩石结构疏松,遵义松林剖面,牛蹄塘组,样品编号 SL2,岩性为黑色碳质泥岩;(e) 方解石晶体夹杂于片状黏土矿物集合体中,见顺层微缝及次生溶蚀微孔隙,习水骑龙剖面,龙马溪组,样品编号 QLS1L13,岩性为黑色碳质泥岩;(f) 片状黏土矿物附着于碎屑颗粒表面,云母碎片衬垫于粒间,见贴粒次生微缝,正安县旺草铺剖面,龙马溪组,样品编号 WCS1L6;岩性为黑色碳质泥岩

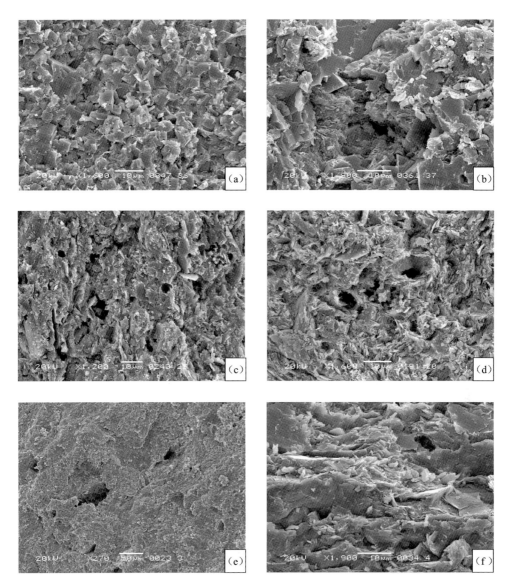

图 4-34　中上扬子地区陡山沱组、牛蹄塘组、五峰组—龙马溪组储集空间特征(3)

(a) 泥质灰岩，片丝状伊利石充填于微晶粒状方解石晶体之间，可见方解石晶体晶间微孔隙发育，乔家坪陡山沱组剖面，距 Z_1ds 底 14.0 m 处；(b) 泥页岩，片丝状伊利石集合体充填于方解石晶体之间，可见次生溶蚀孔隙，乔家坪陡山沱组剖面，距 Z_1ds 底 25.0 m 处；(c) 碳质泥岩，片丝状伊利石集合体呈鳞片状结构，片丝状伊利石排列具定向性，次生溶蚀孔隙发育，明溪口牛蹄塘组剖面，距 ϵ_1s 底 193 m 处；(d) 碳质泥岩，片丝状伊利石及伊/蒙混层集合体呈鳞片状结构，可见次生溶蚀铸模孔隙发育，兴隆场牛蹄塘组剖面，距 ϵ_1s 底 84 m 处；(e) 碳质泥岩，片丝状伊利石集合体排列具定向性，呈鳞片状结构，可见次生溶蚀微孔隙，田心屋龙马溪组剖面，距 S_1l 底 16 m 处；(f) 泥质粉砂岩，片丝状伊利石集合体排列具定向性，呈鳞片状结构，可见次生溶蚀微孔隙，田心屋龙马溪组剖面，距 S_1l 底 25 m 处

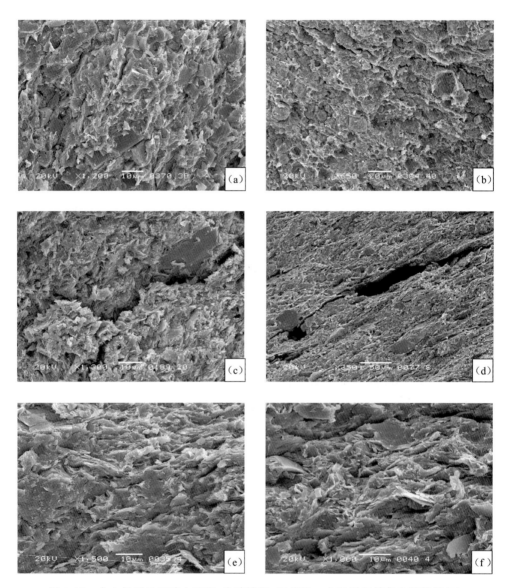

图 4-35　中上扬子地区陡山沱组、牛蹄塘组、五峰组—龙马溪组储集空间特征(4)

(a) 泥页岩,片丝状伊利石与泥晶粒状方解石晶体混杂,呈泥晶-鳞片状结构,晶间微孔缝发育,乔家坪陡山沱组剖面,距 Z_1ds 底 36.0 m 处;(b) 泥岩,泥晶结构白云石晶体集合体团粒与片丝状伊利石混杂,可见晶间微孔缝发育,乔家坪陡山沱组剖面,距 Z_1ds 底 49.0 m 处;(c) 碳质泥岩,片丝状伊利石及伊/蒙混层集合体中夹杂片状碳屑,可见微裂缝发育,兴隆场牛蹄塘组剖面,距 $\in_1n$ 底 84.0 m 处;(d) 碳质泥岩,层理间裂缝中充填硬石膏晶体集合体,可见残留裂缝发育,界水岭下寒武统剖面距 $\in_1d$ 底 25.0 m 处;(e) 泥质粉砂岩,片丝状伊利石集合体顺层分布排列具定向性,呈鳞片状结构,见少量顺层微缝,田心屋龙马溪组剖面,距 S_1l 底 25 m 处;(f) 泥质粉砂岩,片丝状伊利石集合体顺层分布排列具定向性,呈鳞片状结构,可见少量顺层微缝,田心屋龙马溪组剖面,距 S_1l 底 25 m 处

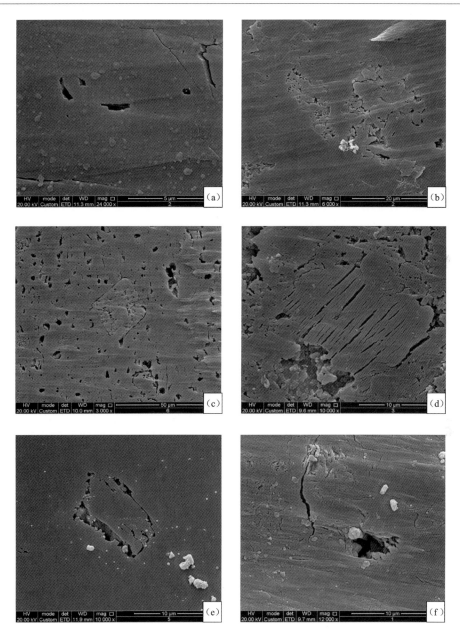

图 4-36 中上扬子地区陡山沱组、牛蹄塘组、五峰组—龙马溪组储集空间特征(5)

(a) 微孔,云质泥岩,花鸡坡剖面,陡山沱组,3 层;(b) 泥质间微孔,云质泥岩,花鸡坡剖面,陡山沱组,3 层;(c) 溶蚀微孔及泥质间微孔,泥岩,大坪剖面,牛蹄塘组,3 层;(d) 泥质间微孔和微缝,泥岩,大坪剖面,牛蹄塘组,8 层;(e) 粒间微缝及微孔,泥岩,宣恩高罗剖面,龙马溪组,1 层;(f) 泥质微缝及微孔,泥岩,宣恩高罗剖面,龙马溪组,2 层。(a)~(f)为氩离子抛光扫描电镜照片

(一) 微孔隙

(1) 有机质(沥青)孔或干酪根网络:该类孔隙的孔径一般为纳米级,是高演化富有机

质泥页岩天然气的重要储集空间。生油层中的有机质并非呈分散状,主要是沿微层理面分布,进一步证实,生油岩中还存在三维的干酪根网络。微层理面可以理解为层内的沉积间断面,其本身有相对较好的渗透性,再加上相对富集的有机质可使其具有亲油性,若再有干酪根的相连,那么在大量生气阶段,易形成相互连通的、不受毛细管阻力的亲油网络,是页岩中天然气富集的重要孔隙类型之一。微孔直径一般小于 2 nm,中孔直径为 2～50 nm,大孔隙直径一般大于 50 nm;随孔隙度的增加,孔隙结构发生变化(微孔变成中孔,甚至大孔隙),孔隙内表面积也增大。另外,这些分散有机质的表面是一种活性非常强的吸附剂,也能极大提高页岩的吸附能力,并且伴随着成熟度的增加,有机质热生烃演化还会形成一些微孔隙。黑色页岩中残留的沥青也属于该类孔隙,天然气以吸附态为主,少量以溶解态赋存于沥青中。

(2) 矿物质孔:主要包括矿物比表面、晶间(颗粒间)孔、晶内(颗粒内)孔、溶蚀孔和杂基孔隙等。比表面主要是一些黏土矿物的表面,具有吸附天然气的能力。晶间孔是指晶粒之间的微孔隙,主要发育于晶形比较好、晶体粗大的矿物集合体中,孔径一般为几微米,个别可达十几微米,甚至毫米级。常见的晶间孔较发育的矿物有伊利石、高岭石、蒙脱石、方解石、石英等,晶孔的大小、形状、数量取决于矿物晶粒是原生还是次生,取决于矿物的形成时间。如伊利石在扫描电镜下呈弯曲的薄片状、不规则板条状,集合体呈蜂窝状、丝缕状等,可根据伊利石的结晶度判断早古生代海相页岩的成熟度,是页岩高热演化条件下的产物,含量相对较高,伊利石的晶间孔隙和颗粒表面是页岩储层的主要孔隙类型之一。

(3) 有机质和矿物质之间的孔隙:主要指有机质和矿物之间的各种孔隙,该类孔隙只占页岩孔隙的一小部分,但却意义重大。该类孔隙连通了有机质(沥青)孔和/或干酪根网络和矿物质孔,把两类孔隙连接起来,使得有机质中生成的天然气能够运移至矿物质孔赋存,某种程度上有微裂缝的作用,对页岩气的聚集和产出至关重要。

(二) 微裂缝

裂缝的发育程度和规模是影响页岩含气量和页岩气聚集的主要因素,决定着页岩渗透率的大小,控制着页岩的连通程度,进一步控制着气体的流动速度、气藏的产能。裂缝还决定着页岩气藏保存条件,裂缝比较发育的地区,页岩气藏的保存条件可能差些,天然气易散失、难聚集、难形成页岩气藏;反之,则有利于页岩气藏的形成。

中上扬子地区海相富有机质泥页岩性脆质硬,节理和裂缝发育,节理在油气聚集和通过中起着重要的作用,在松林剖面牛蹄塘组顶部发育 X 剪节理。裂缝在三维空间呈网络状分布,大量裂缝已被方解石等次生矿物充填,部分呈原始开启状态存在。岩石薄片显示,页岩由石英等多种碎屑矿物与富有机质黏土矿物构成平行纹层,局部碎屑矿物富集,裂缝清晰可见,大量微裂缝细如发丝,大裂缝部分被沥青或硅质充填,显然有过油气聚集或通过其中。威 5 井取心,九老洞组缝洞相当发育。威 5 井下寒武系九老洞组下部(指 2783.2 m 以下井段)全部取心,为灰黑色-黑灰色碳质、砂质页岩夹深灰色灰质、白云质粉砂岩。在本组取心进尺 21.5 m(井段 2783～22804.7 m),心长 9.285 m,收获率(平均)为 43.19%,共有缝 341 条,洞 1 个,321 处冒气,空隙洞缝率为 0.014%～1.86%,层间小缝为主,仅见部分白云石、砂质充填及不完全充填缝(一般宽 0.5～2 mm,测试管带出岩块中少许 0.8～1 cm),其中尤以 2795～2798 m 一带缝洞最为发育。威远地区九老洞页岩(包括含磷页岩)性脆,裂缝发育,该区页岩气具商业价值。

根据成因可划分为张性、剪性和压性三种;根据充填情况可划分为完全充填、部分充填和无充填三种;根据角度可划分为高、中、低三种倾角类型。综合考虑裂缝的性质和对页岩气聚集的控制作用,按发育规模将裂缝分为五类。

(1) 巨型裂缝:主要指宽度大于 1 mm,长度大于 10 m 的裂缝包括垂直页岩层理面和顺层理面两类[图 4-37(a)],垂直层理面的裂缝能同时穿过碳质页岩、硅质页岩等薄层,前者主要为构造成因,后者为沉积成因。

图 4-37 中上扬子地区陡山沱组、牛蹄塘组、五峰组—龙马溪组裂缝发育特征

(a) 巨型裂缝(重庆城口治平,下志留统);(b) 大型裂缝(四川汉源丁子沟,下志留统);(c) 中型空隙(四川琪县红旗村,下志留统);(d) 小型裂缝(重庆彭水渝页 1 井,313.8 m);(e) 片状黏土矿物排列具定向性,呈鳞片结构,可见次生微型裂缝,南川大有剖面,龙马溪组,样品编号 DY3,岩性为黑色碳质泥岩;(f) 上图局部放大,片状黏土矿物呈鳞片结构,可见顺层微裂缝发育,习水骑龙剖面,龙马溪组,样品编号 QL15,岩性为黑色碳质泥岩

（2）大型裂缝：主要指宽度为毫米级，长度介于 1～10 m 的裂缝[图 4-37（b）]，该类裂缝局限于碳质页岩或硅质页岩单层内部，不能穿层，亦主要为构造成因。

（3）中型裂缝：主要指宽度为 0.1～1 mm，宽度为毫米级，长度介于 0.1～1 m 的裂缝[图 4-37（c）]，该类裂缝可能为构造成因或由泥岩的生烃膨胀力导致。

（4）小型裂缝：主要指宽度为 0.01～0.1 mm，长度介于 0.01～0.1 m，为肉眼可见的最小裂缝[图 4-37（d）]。

（5）微型裂缝：指宽度一般小于 0.01 mm，长度小于 0.01 m，一般为几十微米[图 4-37（e）、（f）]。

通过纵向上储集空间的对比可以发现，自下而上储集空间类型均有孔隙和裂缝，其中在陡山沱组顺层面的裂缝较发育，溶蚀孔隙较少，牛蹄塘组顺层面裂缝和孔隙均很多，五峰组—龙马溪组主要发育溶蚀孔隙，顺层的裂缝很少见。经过初步分析认为陡山沱组矿物组分中碳酸盐矿物含量相对较高，泥质含量较少，脆性较大，在一定应力作用下容易发生顺层裂缝，五峰组—龙马溪组矿物组分中黏土矿物含量相对较高，而碳酸盐矿物含量较少，塑性较强，黏土矿物成岩作用产生流体具有较强的溶蚀作用，因此其溶蚀孔隙相对多一些。区域上由于中上扬子地区自加里东运动以来经历了燕山运动、喜马拉雅运动等多期构造的叠加改造，区域地质差异较大，储集层裂缝大量发育，其中湘鄂西区位于构造转折带，地应力相对集中，褶皱-断裂较发育，储层微裂缝极为发育，为游离气提供大量的储集空间。

四、孔喉分布特征

通过对泥页岩样品的压汞曲线分析，可知研究区黑色泥页岩压汞曲线大多位于含汞饱和度（S_{Hg}）-毛管力（P_C）半对数直角坐标系的右上方，几乎没有平台，说明孔喉分布偏细，分选中等（图 4-38）。

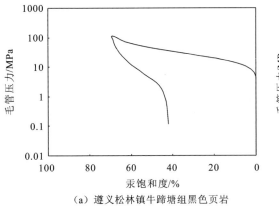
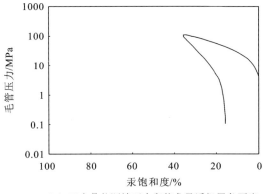

（a）遵义松林镇牛蹄塘组黑色页岩　　　　　　（b）习水县仙源镇下志留统龙马溪组黑色页岩

图 4-38　压汞法毛管压力曲线

中上扬子地区黑色页岩的孔喉半径主要分布在 0.00～0.10 μm，下寒武统和上奥陶统—下志留统样品在此区间的频率分别为 89.8％和 87.3％；其次分布在 0.10～0.16 μm 的分布频率分别为 2.2％和 3.2％；在 0.16～0.25 μm 的分布频率分别为 1.4％和 2.1％；在 0.25～0.40 μm 的分布频率分别为 1.1％和 1.3％；孔喉半径大于0.40 μm 的样品很少，分布频率分别为 4.2％和 4.6％（图 4-39）。

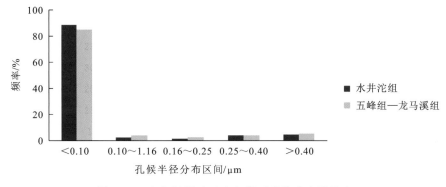

图 4-39　中上扬子地区暗色泥页岩孔喉半径分布

第四节　页岩储层储集非均质性

一、陡山沱组页岩储层非均质性

（一）层序地层特征

以宜昌花鸡坡剖面为例（图 4-40）。宜昌花鸡坡剖面陡山沱组地层厚约 137 m，划分为三个三级层序。其中，Sq1 相当于陡山沱组下部及中部，Sq2 相当于陡山沱组上部，Sq3 的海侵体系域（TST）相当于陡山沱组顶部，高位体系域（HST）相当于灯影组。沉积相纵向变化较快，由早期碳酸盐台地、台内盆地到晚期碳酸盐台地、台地前缘相，反映了水体经历了由浅—深—浅—深的变化过程。

Sq1 海侵体系域（TST）下部为灰色-深灰色泥-微晶灰岩、白云岩，上部以黑色泥质白云岩、黑色碳质页岩为主。在距底界面 10～16.4 m 处为灰色-深灰色泥-微晶白云岩及灰岩，准层序组内沉积水体向上变深，属于局限台地亚相潮坪微相。在距底界面 16.4～34 m 处相变为局限台地潟湖，发育黑色泥质白云岩。距底界面 34～40 m 处为 Sq1 的 TST 晚期，因海平面上升影响相变为台内盆地泥质盆地亚相，主要沉积黑色碳质页岩。距底界面 40～103 m 为 Sq1 高位体系域（HST），因海平面相对下降，主要为深灰色碳质页岩，中间夹灰色泥质粉砂岩及灰色粉砂质泥岩。

Sq2 以海侵体系域（TST）期的浅灰色云岩，高位体系域（HST）期的灰色灰岩为主。对应的沉积相分别为局限台地亚相潟湖微相和开阔台地亚相潮下带微相。

Sq3 的海侵体系域（TST）对应陡山沱组的顶部，在距底界面 145～147 m 处的灰黑色页岩，反映了水体变深。对应沉积相为台地前缘相斜缓坡亚相深水缓坡微相。

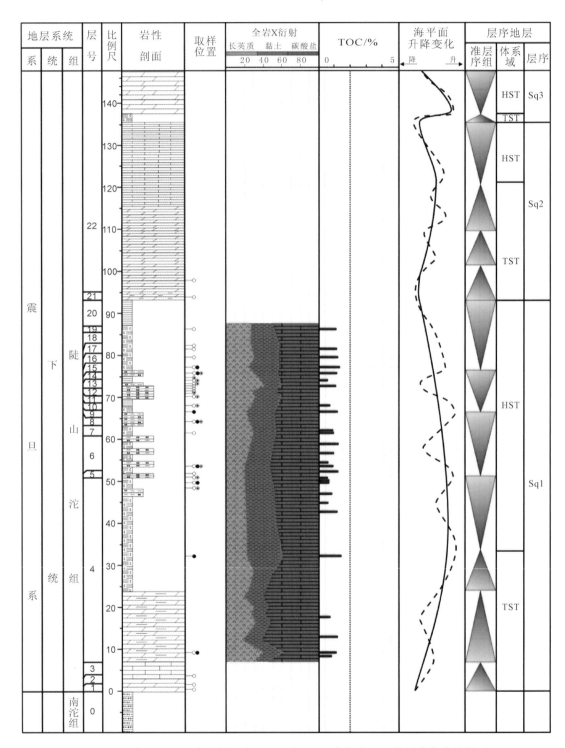

图 4-40　湖北宜昌花鸡坡剖面陡山沱组岩矿、地球化学及层序划分综合柱状图

（二）储层非均质性

通过对花鸡坡剖面陡山沱组泥页岩准层序组物质组成分析表明,在 Sq1 海侵体系域中第二、三个退积的准层序组中碳酸盐矿物含量下降,黏土矿物含量相对上升(图 4-41),在高位体系域中第四个进积的准层序组中碳酸盐矿物含量上升,黏土矿物含量相对下降(图 4-42)。有机碳含量随相对海平面的上升而升高,随相对海平面的下降而降低,在 Sq1海侵体系域中退积的准层序组中有机碳含量升高,在高位体系域中每个进积的准层序组中有机碳含量降低(图 4-40)。

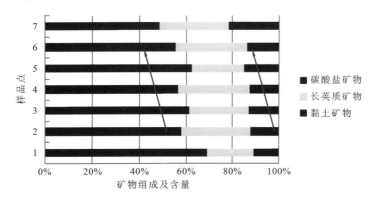

图 4-41　湖北宜昌花鸡坡剖面陡山沱组 Sq1 海侵体系域退积准层序组中矿物组成特征

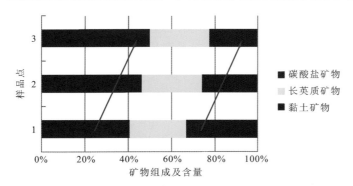

图 4-42　湖北宜昌花鸡坡剖面陡山沱组 Sq1 高位体系域进积准层序组中矿物组成特征

通过纵向上储集空间的对比可以发现,自下而上储集空间类型均有孔隙和裂缝,其中在陡山沱组 Sq1 海侵体系域中由于碳酸盐矿物含量相对较高,晶间孔和顺层微裂缝较发育,溶蚀孔隙较少;Sq1 高位体系域中由于黏土矿物含量相对较高,绝大部分填充于晶间孔中,面孔率很小。

二、牛蹄塘组页岩储层非均质性

（一）层序地层特征

以张家界大坪剖面为例(图 4-43)。张家界大坪剖面下寒武统牛蹄塘组地层厚度为

67.33 m。其下部与上震旦统灯影组的白云岩接触。牛蹄塘组共划分两个三级层序。其中,Sq1 相当牛蹄塘组下部,Sq2 相当于牛蹄塘组上部。牛蹄塘组总体为一套细粒碎屑岩沉积,岩性总体变化不大,沉积相类型为碎屑岩陆棚相深水陆棚亚相碳质陆棚微相。

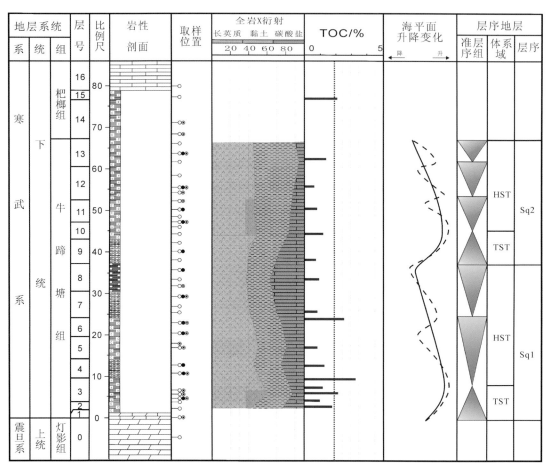

图 4-43　湖南张家界大坪剖面牛蹄塘组岩矿、地球化学及层序划分综合柱状图

Sq1 的海侵体系域(TST)对应剖面距底深 0～10 m,主要岩性为黑色碳质页岩及含碳硅质页岩,这是一套在海侵作用下形成的深色细粒碎屑岩。Sq1 的高位体系域(HST)对应剖面距底深 10～38 m,主要岩性变化为灰色硅质泥岩、碳质页岩及灰质泥岩。因沉积水体整体较海侵体系域(TST)时期浅,因此颜色较浅,在晚高位体系域(HST)时期出现灰质泥岩沉积。

Sq2 主要岩性为硅质泥岩、碳质页岩及硅质页岩。在剖面距底深度 38～55 m 处为海侵体系域(TST)期的硅质泥岩沉积,顶部为碳质页岩。随海平面上升,其灰质含量向上减少,碳质含量增加。在剖面距底深度 55～67 m 处为高位体系域(HST)的碳质页岩及硅质页岩。

（二）储层非均质性

通过对张家界大坪剖面水井沱组泥页岩准层序组物质组成分析表明,在 Sq1 的海侵体系域中退积的准层序组中碳酸盐矿物含量下降（图 4-44）,在 Sq1 的高位体系域中第一、二个进积的准层序组中碳酸盐矿物含量上升（图 4-45）。有机碳含量变化特征随着相对海平面的上升而加大,随着相对海平面的下降而降低（图 4-43）。

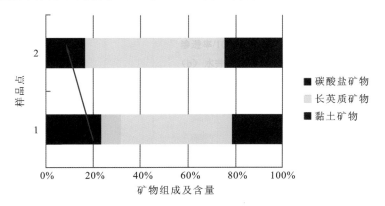

图 4-44　湖南张家界大坪剖面牛蹄塘组退积准层序组中矿物组成特征

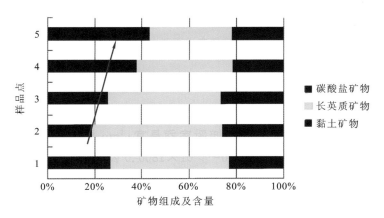

图 4-45　湖南张家界大坪剖面牛蹄塘组进积的准层序组中矿物组成特征

通过对大坪剖面水井沱组泥页岩样品扫描电镜分析表明,水井沱组 Sq1 海侵体系域中由于黏土矿物含量很高,溶蚀孔隙极为发育,面孔率较大,另外发育大量的顺层微裂缝;Sq1 高位体系域中由于碳酸盐矿物含量较高,发育少量晶间孔隙,面孔率较小。

三、五峰组—龙马溪组页岩储层非均质性

（一）层序地层特征

以宣恩高罗剖面为例（图 4-46）。高罗剖面上奥陶统五峰组—下志留统龙马溪组页

岩厚度共 83.62 m,分为两个三级层序,其中五峰组和龙马溪组各为一个三级层序,沉积相为碎屑岩陆棚。

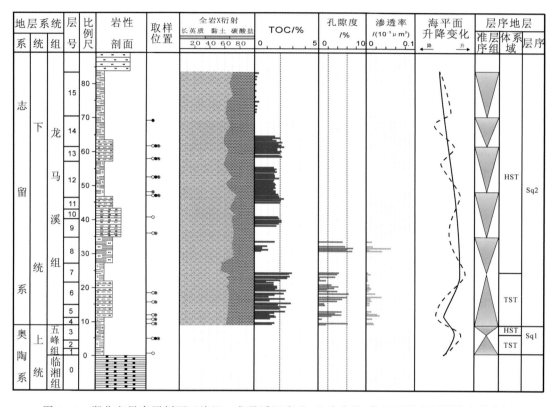

图 4-46　湖北宣恩高罗剖面五峰组—龙马溪组岩矿、地球化学、物性及层序划分综合柱状图

Sq1 相当于五峰组。由于迅速海侵形成厚度较小的碳质页岩、硅质页岩沉积,对应于剖面距底深 0～19 m。属于碎屑岩陆棚相深水陆棚亚相泥质陆棚微相。

Sq2 相当于龙马溪组,主要岩性为碳质页岩、粉砂质泥岩、泥质粉砂岩。Sq2 的海侵体系域(TST)主要岩性为黑色含碳粉砂质泥岩夹黑色碳质页岩,在海侵体系域(TST)晚期粉砂质含量下降,碳质含量提高,对应剖面为距底深 19～34 m。Sq2 的高位体系域(HST)厚度较大,为剖面上距底深 34～83 m 的粉砂质泥页岩、泥质粉砂岩及碳质页岩。Sq2 的高位体系域(HST)早期为黑灰色粉砂质页岩,对应沉积微相为深水陆棚泥质陆棚微相。随后水体变浅,向上砂质增多,主要为泥质粉砂岩及粉砂质泥岩,对应沉积微相为浅水陆棚砂质陆棚微相。Sq2 的高位体系域(HST)晚期碳质含量相对变高,为深水陆棚泥质陆棚微相沉积。

(二)储层非均质性

通过对宣恩高罗剖面五峰组—龙马溪组泥页岩准层序组物质组成分析表明,在 Sq2 的海侵体系域中退积的准层序组中长英质矿物含量相对下降,黏土矿物含量相对上升(图

4-47）；在 Sq2 的高位体系域中第四、五个进积的准层序组中长英质矿物含量上升，黏土矿物含量下降（图 4-48）。

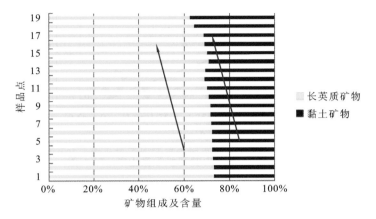

图 4-47　湖北宣恩高罗剖面五峰组—龙马溪组 Sq2 海侵体系域退积准层序组矿物组成

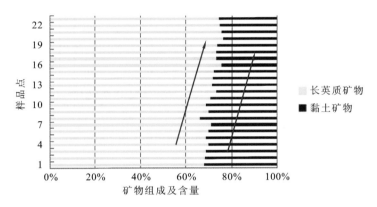

图 4-48　湖北宣恩高罗剖面五峰组—龙马溪组 Sq2 高位体系域进积准层序组矿物组成

底部五峰组岩性主要为硅质碳质泥页岩，有机质含量为 2%～4%；龙马溪组底部为碳质硅质泥页岩，有机质含量高，向上碳质硅质含量逐渐减小，粉砂质含量增加，有机质含量减小至 1% 左右（图 4-46）。

通过对宣恩高罗剖面五峰组—龙马溪组泥页岩样品扫描电镜分析表明，五峰组—龙马溪组 Sq2 海侵体系域中由于黏土矿物含量很高，溶蚀孔隙极为发育，面孔率较大；Sq2 高位体系域中由于长英质矿物含量相对较高，发育少量粒间孔隙，面孔率较小。

综上所述，研究区自陡山沱组—水井沱组到五峰组—龙马溪组，随沉积环境的变化黏土矿物含量逐渐增加，碳酸盐矿物含量逐渐减少；对比泥页岩海侵体系域和高位体系域分析可知，每个层位海侵体系域比高位体系域中面孔率较大。

通过对研究区不同层位孔隙度和渗透率的统计分析表明，水井沱组孔隙度最大，其次为陡山沱组，孔隙度最小的为五峰组—龙马溪组；渗透率陡山沱组最好，其次为水井沱组，五峰组—龙马溪组最小。五峰组—龙马溪组孔隙度和渗透率都最小主要是由其黏土矿物含量最高,脆性矿物含量相对较小决定的。

第五节　页岩储层含气性特征

页岩气是一种重要的非常规油气资源,它是以多种方式赋存于页岩层系中的天然气,包括吸附态(吸附于有机质和黏土矿物表面)、溶解态(溶解于有机质和地下流体中)及游离态(充填于孔隙与微裂隙中),但主要以游离态和吸附态存在,溶解态仅少量存在。中上扬子地区富有机质泥页岩含气性特征是该区能否取得页岩气的一个重要指标,通过钻、测、录井可以定性地判断泥页岩是否含有天然气,通过试井、现场解析、等温吸附模拟等方法可以定量半定量测试泥页岩中含有多少天然气(邱小松等,2013;林腊梅等,2012)。

一、含气性

中上扬子地区钻遇下寒武统牛蹄塘组、上志留统五峰组—下志留统龙马溪组的钻井中见良好的天然气显示。

修筑宜昌—秭归的高速公路陶家溪隧道,在下震旦统陡山沱组碳质泥页岩中见丰富天然气显示,燃烧时间达 18 天。茅 2 井在下寒武统牛蹄塘组钻进中发现多次气测异常,130.6～184.3 m 全烃从 0.1% 上升到 1.1%,200～368.5 m 全烃达到 4.1%,显示岩性为深灰色、灰黑色的碳质页岩、粉砂质页岩;下寒武水井沱组 465～658 m,岩性为深灰色的含粉砂质页岩、碳质页岩,普遍见气显示,全烃 0.2 上升到 2.9%。威 5 井下寒武统筇竹寺组页岩气钻井过程中,2797.4～2797.6 m 井段,裸眼测试,获日产气 2.46×10⁴ m³,酸化后测试获日产气 1.35×10⁴ m³。威 28 井下部泥页岩、粉砂质泥岩气测异常 2780～2890 m。高科1 井的下寒武统泥页岩、丁山 1 井下组合三个层系也发现了气测异常。

建深 1 井钻井中志留系见到良好气显示,综合解释 64.1/22 层。先后对志留系韩家店组和小河坝组两个层位显示好的井段进行试气,测得气产量 5.13×10⁴ m³/d。河页 1井在第八次取心(井深 2150～2167.34 m,层位下志留统龙马溪组—上奥陶统五峰组)中有 17.34 m 的岩心冒气泡。井深 2150.0～2161.72 m,厚 11.72 m,碳质泥页岩出筒岩心表面可见零星状气泡分布;井深 2161.72～2167.34 m,厚 5.62 m,出筒岩心表面针孔状气泡相对较多,气泡最大直径可达 3 mm[图 4-49(a)～(c)]。岩心做浸水试验无气泡溢出,泥浆洗净后放置一段时间可见气泡溢出[图 4-49(d)]。湘鄂西地区河 2 井,对 528.71～584.01 m 井段(下志留统)气水显示层段测试,产水量和产气量分别为 25.58 m³/d 和3.0 m³/d,完井 40 余年后井口仍可见天然气;利川复向斜的鱼 1 井、利 1 井,在钻进中发现多次气测异常,井漏和气浸。

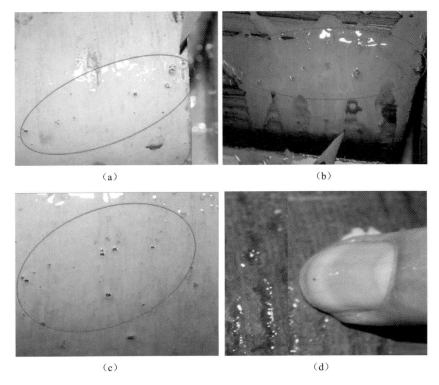

（a）　　　　　　　　　　　　　　　　（b）

（c）　　　　　　　　　　　　　　　　（d）

图 4-49　河页 1 井 2150.0～2173.0 m 取心段现场岩心冒气泡情况

二、含气量

（一）现场解析

　　河页 1 井钻遇龙马溪组下部的深色页岩，由中国石油勘探开发研究院廊坊分院非常规油气实验室工作人员对 16 件样品进行现场解析（GB/T19559—2008，页岩气现场测试仪，GCT 软件）数据显示，总含气量均小于 1，分布范围为 0.19～0.86 m³/t，平均为 0.41 m³/t（表 4-10）。现场解析数据为区域内资源量计算提供了科学依据。

表 4-10　河页 1 井龙马溪组页岩现场解析数据表

样品编号	样品深度/m	分析基	损失气/(m³/t)	解析气/(m³/t)	残余气/(m³/t)	总气量/(m³/t)
1	1908.42～1908.70	原基	0.13	0.03	0.14	0.30
2	1913.55～1913.82	原基	0.09	0.02	0.14	0.25
3	1918.97～1919.21	原基	0.06	0.01	0.12	0.19
4	1925.03～1925.28	原基	0.14	0.02	0.20	0.36
5	1928.88～1929.15	原基	0.16	0.02	0.23	0.41

续表

样品编号	样品深度/m	分析基	损失气/(m³/t)	解析气/(m³/t)	残余气/(m³/t)	总气量/(m³/t)
6	1934.08~1934.35	原基	0.14	0.01	0.28	0.43
7	1943.69~1943.96	原基	0.15	0.02	0.21	0.38
8	1948.49~1948.75	原基	0.15	0.03	0.23	0.41
9	1954.20~1954.46	原基	0.09	0.01	0.24	0.34
10	1960.25~1960.52	原基	0.10	0.02	0.24	0.36
11	1965.70~1965.97	原基	0.17	0.02	0.19	0.38
12	1971.96~1972.23	原基	0.15	0.02	0.22	0.39
13	1978.15~1978.42	原基	0.11	0.02	0.20	0.33
14	1986.20~1986.50	原基	0.09	0.01	0.26	0.36
15	2155.99~2156.22	原基	0.16	0.02	0.56	0.74
16	2163.62~2163.87	原基	0.15	0.02	0.69	0.86

2011 年由国土资源部油气资源战略研究中心钻探的岑页 1 井、酉科 1 井,页岩气含气量达到 $1.5 \times 10^4 \sim 4.56 \times 10^4$ m³,另外,渝东北的城浅 1 井在 219 m 岩心处收集解析气体直接点燃(图 4-50),现场解析实验初步显示含气量为 $0.05 \times 10^4 \sim 3.64 \times 10^4$ m³。威远地区 W001-2 井和 W001-4 井 27 个岩样测试筇竹寺组黑色页岩含气量为 $0.43 \sim 6.02$ m³/t,其中 W001-4 井含气量平均为 2.82 m³/t。

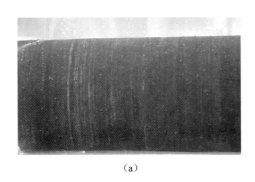 

(a)　　　　　　　　　　　　　(b)

图 4-50　城浅 1 井岩心冒出大量气泡与城浅 1 井岩心解析气直接点燃现场照片

(二)等温吸附模拟

等温吸附模拟法是通过页岩样品的等温吸附实验来模拟样品的吸附特点及吸附量,通常采用 Langmuir 模型来描述其吸附特征。根据该实验得到的等温吸附曲线可以获得不同样品在不同压力(深度)下的最大吸附气含量,也可通过实验确定该页岩样品的 Langmuir 方程计算参数(张琴等,2013)。

1. 陡山沱组

通过陡山沱组页岩的等温吸附模拟实验,结果表明湖北通山西庄剖面兰氏体积 $V_L = 1.67$ m³/t,兰氏压力 $P_L = 1.54$ MPa[图 4-51(a)];湖北宜昌乔家坪剖面兰氏体积 $V_L =$

$2.18 \text{ m}^3/\text{t}$，兰氏压力 $P_L = 1.39 \text{ MPa}$[图 4-51(b)]。

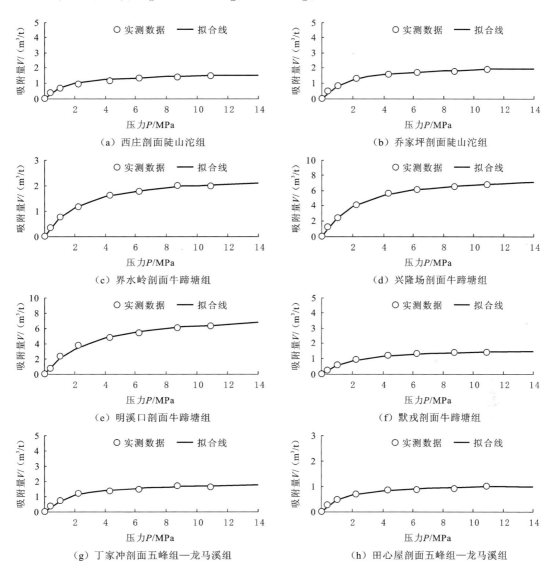

图 4-51 各层位富有机质页岩等温吸附线

2. 牛蹄塘组

通过牛蹄塘组页岩的等温吸附模拟实验，结果表明湖北通山界水岭剖面兰氏体积 $V_L = 2.47 \text{ m}^3/\text{t}$，兰氏压力 $P_L = 2.44 \text{ MPa}$[图 4-51(c)]；湖南泸溪兴隆场剖面兰氏体积 $V_L = 2.47 \text{ m}^3/\text{t}$，兰氏压力 $P_L = 2.44 \text{ MPa}$[图 4-51(d)]；湖南沅陵明溪口剖面兰氏体积 $V_L = 8.19 \text{ m}^3/\text{t}$，兰氏压力 $P_L = 3.06 \text{ MPa}$[图 4-51(e)]；湖南古丈默戎剖面兰氏体积 $V_L = 1.72 \text{ m}^3/\text{t}$，兰氏压力 $P_L = 1.92 \text{ MPa}$[图 4-51(f)]。

3. 五峰组—龙马溪组

通过五峰组—龙马溪组页岩的等温吸附模拟实验，结果表明湖北松滋丁家冲剖面兰

氏体积 $V_L=1.90$ m³/t,兰氏压力 $P_L=1.65$ MPa[图 4-51(g)];湖北通山田心屋剖面兰氏体积 $V_L=1.07$ m³/t,兰氏压力 $P_L=1.27$ MPa[图 4-51(h)]。

　　根据富有机质页岩模拟出不同层位等温吸附线,从实验数据兰氏体积和兰氏压力可以发现不同层位,相同层位的不同地区的富有机质页岩的吸附能力存在着较大的差异,将吸附能力与有机碳含量做相关图可以得出很好的线性关系,其相关系数为 0.820 1(图 4-52);而比表面积与吸附量相关性很差,相关系数仅有 0.000 2(图 4-53)。研究结果表明在页岩层系中,以吸附态存在的那些甲烷气体主要吸附于有机质表面或多孔有机质内表面,仅有少量甲烷气体吸附于矿物颗粒表面。研究区内下寒武统水井沱组页岩有机碳含量最高,吸附能力最强,五峰组—龙马溪组泥页岩吸附能力次之,陡山沱组相对较差。

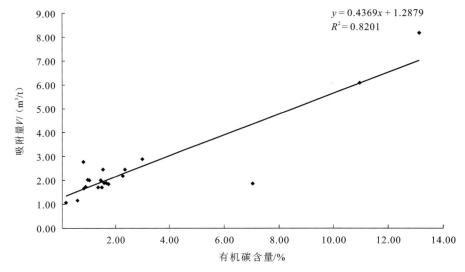

图 4-52　有机碳含量与吸附气含量相关图

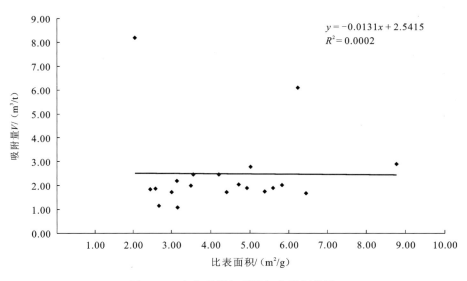

图 4-53　比表面积与吸附气含量相关图

三、含气量影响因素

页岩气含气性受多种因素影响,如有利于页岩气成藏和保存的页岩单层厚度,影响页岩气的吸附气含量矿物组分,影响页岩气游离气含量的页岩储层物性特征及后期构造活动等(武景淑等,2012)。

1. 富有机质页岩厚度与埋深

泥页岩的厚度和埋深也是控制页岩气成藏的关键因素。形成工业性的页岩气藏,泥页岩必须达到一定的厚度,才能成为有效的烃源岩层和储集层。泥页岩的埋深不但影响页岩气的生产和聚集,而且还直接影响页岩气的开发成本,泥页岩埋深达到一定的深度(一定的温度、压力条件)才能形成烃类气体(包括生物成因气、热成因气);随着埋深的增加,压力逐渐增大,孔隙度减小,不利于游离气富集,但有利于吸附气的赋存。

一个好的页岩气远景区其页岩的厚度大多为 90~180 m。在西阿肯色州的费耶特维尔(Fayetteville)页岩厚度为 15~21 m,在东阿尔科马(Arkoma)大约是 180 m,到了密西西比海湾的一些地方达到了 305 m(Ratchford,2006),坎佩尼阶的 Lewis 页岩有 305~450 m 厚。页岩气储层的埋藏深度从最浅的 73 m 到最深的 2 448 m,大多数地区埋深范围为 780~1 380 m,如奥尔巴尼(Albany)页岩和 Antrim 页岩有 9000 口井埋深在 76~610 m。在阿巴拉契亚盆地页岩、泥盆纪页岩和 Lewis 页岩,大约有 20 000 口井埋深是在 915~1525 m。而 Barnett 页岩和 Woodford 页岩埋藏更深,凯尼(Caney)页岩和 Fayetteville 页岩的埋深在 610~1830 m。

2. 富有机质有机地球化学特征

泥页岩有机地球化学特征不但影响着岩石的生气能力,而且对岩石的储集能力(尤其是吸附能力)具有重要的控制作用。富含有机质页岩中生成天然气的数量主要取决于以下三个因素:①岩石中原始沉积的有机物质的数量,即岩石中的有机碳含量;②不同类型有机物质成因的联系和原始生成天然气的能力,即有机质类型;③有机物质转化成烃类天然气的程度,有机质热演化程度。前两个因素主要取决于沉积位置的环境,第三个因素主要取决于沉积后热演化的强度和持续时间,或是在最大埋深下的压实变质作用程度。

页岩中有机质含量对页岩气成藏的控制作用主要体现在页岩气的生成过程和赋存过程中。岩石中总有机碳含量不仅在烃源岩中是重要的,在以吸附和溶解作用为储集天然气方式的页岩气储层中也是很重要的。有机质的含量是生烃强度的主要影响因素,它决定着生烃的多少,因此,对页岩气成藏具有重要的控制作用。Schmoker 将有机质含量超过 2%(包括 2%)的泥盆系页岩定为"富有机质的"页岩。页岩气藏要求大面积的供气,而有机质页岩的分布和面积决定有效气源岩的分布和面积;从裂缝中聚集的天然气以大面积的活塞式整体推进为主要方式,因此必须有大量的天然气生成;页岩气藏要求源岩长期生气供气过程,而有机质含量是决定生气量的一个主要因素。高的有机碳含量意味着更高的生烃潜力。页岩的总有机碳含量与页岩对气的吸附能力之间存在正相关的线性关系。在相同压力下,页岩有机碳含量越高,甲烷吸附量越高。在对 Antrim 页岩总有机碳含量与含气量关系的研究中发现,页岩的含气量主要取决于其总有机碳含量。有机碳含量进而影响到页岩气的产量,在有机碳含量高的地区页岩气的产量比有机碳含量低的地区要高。而且总有机碳含量还可以帮助我们准确地确定储层中的岩石孔隙度和含水饱和度。含气页岩中的总有机碳含量一般为 1.5%~20%。Barnett 页岩的总有机碳含量平均在 4.5%,未熟的岩石露头高达 11%~13%。

页岩中干酪根的类型可以提供有关烃源岩可能的沉积环境信息。干酪根的类型不但对岩石的生烃能力有一定的影响作用,还可以影响天然气吸附率和扩散率。一般来说,在湖沼沉积环境形成的煤系地层的泥页岩中,富含有机质,并以腐殖质的 III 型干酪根为主,有利于天然气的形成和吸附富集,煤层气的生成和富集成藏也正好说明了这一点,煤层中有机质的含量更加丰富,煤层的含气率一般为页岩含气率的 2~4 倍。在半深湖-深湖相、海相沉积的泥页岩中,I 型干酪根的生烃能力和吸附能力一般高于 II 型或 III 型干酪根。

在热成因页岩气的储层中,烃类气体是在时间、温度和压力的共同作用下生成的。热成熟度可以帮助我们了解储层中是以石油为主,还是以天然气为主或是不产油气。干酪根的成熟度不仅可以用来预测源岩中生烃潜能,还可以用于高变质地区寻找裂缝型页岩气储层潜能,作为页岩储层系统有机成因气研究的指标。干酪根的热成熟度也影响页岩中能够被吸附在有机物质表面的天然气量。含气页岩的热成熟度通常用 R_o 来表示,对于质量相同或相近的烃源岩,一般来说 R_o 越高表明生气的可能性越大(生气量越大),裂缝发育的可能性越大(游离态的页岩气相对含量越大),页岩气的产量越大。热成熟度控制有机质的生烃能力,不但直接影响页岩气的生气量,而且影响生烃后天然气的赋存状态、运移程度、聚集场所。合适的热成熟度配合适宜的生烃条件使生气作用处于最佳状态。

3. 富有机质页岩矿物组成

页岩作为岩石通常被定义为"细粒的碎屑沉积岩",但它在矿物组成(如黏土质、硅质和碳质等)、结构和构造上却多种多样。尽管含气页岩通常被称作"黑色页岩",这对于页岩气的研究可能是个误导。页岩的岩性多为富含有机质的暗色、黑色泥页岩或者含高碳、灰质泥页岩类,岩石组成一般为 30%~50% 的黏土矿物、15%~25% 的粉砂质(石英颗粒)和 1%~20% 的有机质,多呈现为黑色泥岩与浅色粉砂质泥岩互层。页岩的矿物组成包括一定数量的碳酸盐、黄铁矿、黏土、石英及有机碳。

Barnett 页岩在岩性上是由含硅页岩、石灰岩和少量白云岩组成。总体上,岩层中硅含量相对较多(占体积的 35%~50%)而黏土矿物含量较少(<35%)。Lewis 页岩为富含石英的泥岩,其总有机碳含量为 0.5%~2.5%。Antrim 页岩由薄层状粉砂质黄铁矿和富含有机质页岩组成,夹灰色、绿色页岩和碳酸盐岩层。其中脆性矿物含量的重要因素影响页岩基质孔隙度、微裂缝发育程度、含气性及压裂改造方式等。富有机质页岩中黏土矿物含量越低,长石、石英、方解石等脆性矿物含量越高,岩石脆性越强,在人工压裂等外力

作用下越容易形成天然裂缝网络,一般都形成多树枝网状结构缝,这样有利于页岩气的开采。而黏土矿物含量高时页岩塑性强,能够吸收一部分能量,主要形成平面上的裂缝,不利于页岩储层裂缝的改造。

4. 富有机质页岩储集物性

通常饱含气的泥页岩储层具有很低的渗透率,其孔隙空间太小,即使微小的甲烷分子也不容易通过。需要多组连通的天然裂缝才能使页岩气进行商业开采。富有机质页岩储层内孔隙是储存天然气的重要空间和确定游离气含量的关键参数。据统计,有平均50%左右的页岩气储存在页岩基质孔隙中。页岩储集层为特低孔渗储集层,以发育多种类型微米至纳米级孔隙为特征,包括颗粒间微孔、黏土片间微孔、颗粒溶孔、溶蚀杂基内孔、粒内溶蚀孔及有机质孔等多种微孔隙。

一般页岩的基质孔隙度为0.5%～6.0%,众数多为2%～4%。裂缝网络具有改善储层性质和增加产能的双重作用。一方面,裂缝可以扩大页岩内部的储集空间,增加页岩气的游离气储量;另一方面,裂缝可以使孔隙之间的连通性变好,从而提高页岩气产层的渗透率,游离气可以更容易地排出,并且能加速吸附气的解析,形成较好的渗流网络,从而提高页岩气井的产气能力。Patcher和Martin(1976)通过取自美国东部地区的大量岩心观察和研究得出以下两点认识:一是裂缝的发育具有一定的方向性,裂缝发育的走向为北东40°～50°,与阿巴拉契亚山脉走向相同,表明褐色页岩的裂缝是构造成因,其分布亦受构造控制;二是产气量高的井,都处在裂缝发育带内,而裂缝不发育地区的井,则产量低或不产气,说明天然气生产与裂缝密切相关。近年在Barnett页岩的研究中,关于原生天然裂缝的重要性具有争议,最新的一些研究发现Barnett页岩中天然裂缝的存在阻碍了人工裂缝。

5. 构造作用

构造作用对页岩气的生成和聚集有重要的影响,其影响作用主要体现在以下几个方面:首先,构造作用能够直接影响泥页岩的沉积作用和成岩作用,进而对泥页岩的生烃过程和储集性能产生影响;其次,构造作用还会造成泥页岩层的抬升和下降,从而控制页岩气的成藏过程;此外,构造作用可以产生裂缝,有效改善泥页岩的储集性能,对储层渗透率的改善尤其明显。

由于页岩中极低的基岩渗透率,开启的、相互垂直的或多套天然裂缝能增加页岩气储层的产量(Hill et al.,2002)。在上覆岩层的压力下及地壳运动的作用下,岩石中可能会产生天然裂缝。储层中压力的大小决定裂缝的几何尺寸,通常集中形成裂缝群。目前,只有少数天然裂缝十分发育的页岩并不采取增产措施便可进行天然气商业性生产。在其他大多数情况下,成功的页岩气井需要进行水力压裂,形成人工裂缝。大规模的断裂作用可以使裂缝发育程度增大,可以波及很多地区。断裂作用在一定程度上控制着页岩气的成藏,控制着页岩层中天然气的运移方向、成藏规模、成藏气量。页岩内天然气的运移基本上是依靠裂隙作为通道的,裂隙的发育主要依靠断裂作用的造隙功能。页岩气的成藏规模受到诸多因素的控制,但适度的断裂作用创造的裂隙网络和裂缝网络为其扩展和延伸起到关键的作用,但是过度的断裂作用可以使储层破坏,造成天然气聚集分散。断裂作用形成的裂缝网络可以吸附和保存大量的天然气,从而提高成藏气量。导致产能系数和渗透率升高的破裂作用,可能是由干酪根向沥青转化的热成熟作用(内因)或者构造作用力(外因),或者这两者产生的压力引起。此外,这些事件可能发生在截然不同的时间。对于任何一次事件来说,页岩内的烃类运移的距离均相对较短。位于页岩上部或下部的常规储层也可能同时含有作为烃源岩的这套岩层生成的油气。

区域构造条件和埋深对于页岩气富集具有重要的控制作用。一般来讲,构造转折带、地应力相对集中带以及褶皱-断裂发育带通常是页岩气富集的重要场所。在这些地区裂缝发育程度较高,能够为天然气提供大量的储集空间,因此构造活动是影响泥页岩储层发育的重要因素。中扬子地区自加里东运动以来经历多期构造的叠加改造,区域地质差异较大,页岩储集层类型丰富。构造隆升和挤压作用改善了页岩储集性能,提高了页岩气聚集量。从区域构造运动的角度分析,在湘鄂西区的平原区及其南部受印支期、燕山期、喜马拉雅期构造运动的强烈改造,使得该区地层大幅度抬升接受剥蚀,部分地区褶皱变形相当严重。上覆地层剥蚀,地层压力的释放以及褶皱断裂作用促进泥页岩裂缝的发育,形成区域的裂缝网络系统。一方面,裂缝可以扩大页岩内部的储集空间,增加页岩气的游离气储量;另一方面,裂缝可以使孔隙之间的连通性变好,从而提高页岩气产层的渗透率,游离气可以更容易地排出,并且能加速吸附气的解析,形成较好的渗流网络,从而提高页岩气井的产气能力。

第六节　页岩气保存条件研究

一、页岩气保存条件评价思路

保存条件是中上扬子地区海相页岩气富集的主控因素之一,而构造是引发差异保存条件的关键。以构造为先导,强调差异构造作用是致使保存条件复杂化的根本原因,是进行中上扬子地区页岩气保存条件评价思路的关键。本书以川东南地区五峰组—龙马溪组为例探讨了页岩气保存条件研究(潘仁芳等,2014)。

用"整体构造框架下的宏观保存体系及有效保存区块"这一思路研究和评价复杂构造变动区页岩气保存条件时,首先应该重视构造运动(通过断裂、隆升剥蚀程度反映),特别是最具特色和影响最强的构造作用对天然气保存条件的根本性影响,划分具有相同构造背景的框架区,然后在不同构造框架区的基础上进行保存条件的诸因素评价,并考虑诸因素间的成因联系及相互的响应关系(汤济广等,2015)。

具体评价时采用综合指标量化加权评分排队的方法,分层次进行评价。第一层次的评价——宏观保存条件评价:第一步将参与评价的各保存条件评价参数的好坏进行次序排列,给每一个级次赋以评价值,即I级=1.00,II级=0.75,III级=0.5,IV级=0.25,I-II级=0.85,II-III级=0.60,III-IV级=0.35;第二步将每一个评价参数的评价值与评价参数权系数相乘命名为评价参数指标,并将各评价参数指标值相加得综合评价指标;第三步按综合评价指标值的大小进行顺序排列。第二层次的评价——微观流体封存能力评价,评价步骤与第一层次评价相同。需要说明的是,宏观保存条件是影响保存条件的最直接因素,微观流体封存能力是保存条件有效性的判别指标,两者可综合起来进行相应保存条件的评价。

评价参数设置、取值标准和权系数充分考虑研究区复杂的实际地质条件,并结合勘探成果和勘探实践经验而确定(表 4-11)。

表 4-11　川东南地区页岩气保存条件量化评价参数标准表

影响因素	评价参数及权系数		评价等级				评价层次
			I(1.0)	II(0.75)	III(0.5)	IV(0.25)	
微观保存条件	流体压力特征(0.4)		异常高压	异常高压	过渡压力	常压-低压	第二层次
	古地质流体特征(0.3)		海相	海相-淡水	淡水-海相	大气淡水	
	古大气水下渗深度(0.3)/m		<500	500~1000	1000~2000	>2000	
宏观保存条件	顶底板有效性(0.25)	顶底板岩性(0.4)	膏盐岩,泥岩含膏泥岩	致密灰岩	砂泥岩,含粉砂泥岩	粉砂质泥岩,砂质泥岩	第一层次
		厚度(0.6)/m	膏盐岩>100泥岩>200	100~50 200~150	50~30 150~100	<30 <100	
	断裂作用0.25	主干断裂破坏(0.4)	无-弱	较弱-中等	较强	强	
		断层密度(0.6)	小	较小	较大	大	
	上覆层厚度0.2/m		>5000	3000~5000	1500~3000	<1500	
	构造形态0.2		背斜	断鼻、断背斜	断块	向斜	
	裂缝间距指数(FSI)0.1		<1.0	1.0~3.0	3.0~5.0	>5.0	

二、页岩气宏观保存条件评价

构造是引发差异保存条件的关键,宏观上可从断层作用、页岩顶板厚度、上覆层厚度、构造形态等来评价页岩气的保存差异。

(一)断裂作用

断层如果没有很好的胶结,其封闭油气的可能性很小,且大部分时间内可能是开启的。很多保存条件的微观信息、地球化学、压力系统、油气显示等都一致反映在四川盆地及周缘断层对天然气的保存至关重要,评价时要将其作为一个非常重要的要素加以考虑。断裂作用主要从主干断层和断层密度两方面来评价宏观保存条件(汤济广等,2012,2011)。

1. 主干断裂破坏

主干断裂一般是指构造边界大断层和一些长期活动的深断裂。它们对研究区内构造边界的形成、隆起和拗陷的发育、断褶构造的演化等都具有明显的控制作用。它们的形成时间一般都较早,起始于印支期—早燕山期,经过后期多次活动,成为控制构造演化的重要因素。

将研究区延伸长度超过 40km 的断裂认定为主干断裂,整体北东向延伸。武隆断褶带中发育 3 条主干断裂:三岔正断层、火石垭逆断层、仙女山逆断层。道真叠加断褶带发育 1 条主干断裂:大矸坝断层。彭水断褶带发育 1 条主干断裂:彭水断层。务川叠加断褶带发育 2 条主干断裂:焦坝正断层、兴隆—双龙厂走滑断层。黔江断褶带发育 1 条主干断裂:铜鼓逆断层。

除务川叠加断褶带中的兴隆—双龙厂走滑断层,各主干断层印支期—早燕山期就开始发育,持续至早喜马拉雅期,且在晚燕山期—早喜马拉雅期发生负反转。主干断裂的长期活动和分布程度反映了构造的多次活动及其强度,温泉也常沿着这些断裂分布,因此长期活动的主干断裂异常发育对油气的保存来说一般是不利的。

2. 断层密度

印支期至中燕山期,川东南地区发生多期构造的联合与复合,其中道真叠加断褶带、务川叠加断褶带、沿河叠加断褶带不仅遭受南东→北西方向的挤压作用,同时还遭受南西→北东方向的应力作用,且晚燕山期—喜马拉雅早期,研究区进入了中国东部的伸展作用阶段,发育大量的张性正断层。

由于构造作用的差异性,断层的发育区块分布规律明显、强度也有迹可查。道真叠加断褶带、务川叠加断褶带、沿河叠加断褶带为北东和北西向构造叠合区,断裂密度大,而彭水断褶带和黔江断褶带断层密度较小,川东南褶皱带和武隆断褶带中地表仅少量小规模断裂发育。

(二) 顶底板有效性

川东南地区五峰组—龙马溪组页岩气顶板为龙马溪组上段泥页岩、含砂泥页岩,底板为临湘组和宝塔组灰岩,与 Barnett 页岩及顶底板地层结构类似。Barnett 页岩顶板为灰岩或上 Barnett 页岩,底板为灰岩或白云岩(图 4-54～图 4-59)。

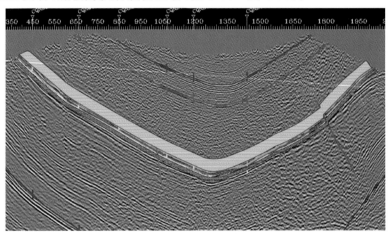

图 4-54 川东南地区五峰组—龙马溪组页岩地层结构图

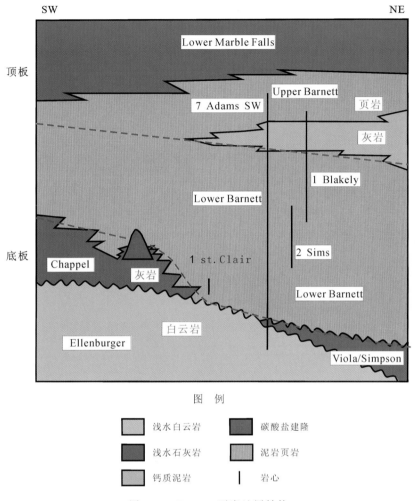

图例

▢	浅水白云岩	▓	碳酸盐建隆
▓	浅水石灰岩	▓	泥岩页岩
▓	钙质泥岩	│	岩心

图 4-55　Barnett 页岩地层结构

(a) 郁山镇剖面

(b) 走马乡剖面

图 4-56　川东南地区五峰组—龙马溪组含气页岩顶板

(c) 黄莺乡剖面　　　　　　　　　　　　　　**(d) 彭水县城西**

图 4-56　川东南地区五峰组—龙马溪组含气页岩顶板(续)

图 4-57　重庆彭水县万足乡五峰组—龙马溪组含气页岩底板

图 4-58　贵州道真县三桥镇五峰组—龙马溪组含气页岩底板

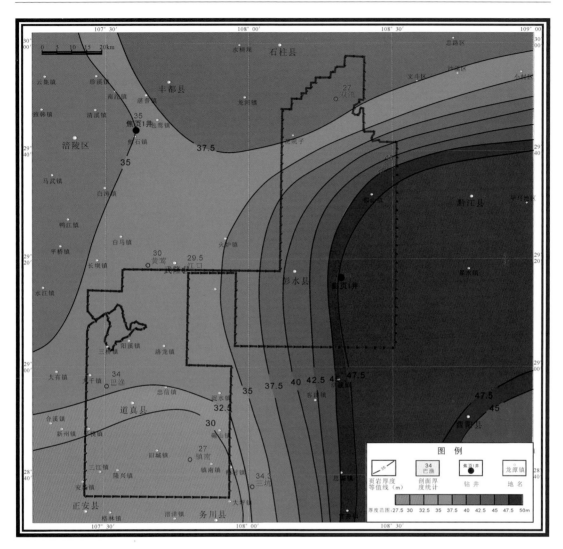

图 4-59　川东南地区含气页岩底板厚度等值线图

　　五峰组—龙马溪组页岩气顶板为龙马溪组上段泥页岩、含砂泥页岩,空间分布稳定,其中在桑柘坪向斜中厚度为 90～130 m。底板为临湘组—宝塔组灰岩,空间分布稳定,厚度为 30～50 m(图 4-60)。

(三) 上覆层厚度

　　上覆岩层的累积厚度大小对页岩气封盖作用有重要意义。首先,上覆岩层对气体垂向渗滤逸散的阻力因素;其次,上覆岩层厚度对天然气分子扩散速度也有影响。Leythaeuser 曾对荷兰哈林根气田统计分析发现,上覆岩层厚度减小 100 m 则天然气储量减少一半的时间为 40×10^4 年。上覆岩层厚度大小不仅决定了阻挡气体渗滤散失和阻止扩散速度能力大小,而且反映沉积环境的稳定性和分布范围,即上覆岩层封闭能力稳定和

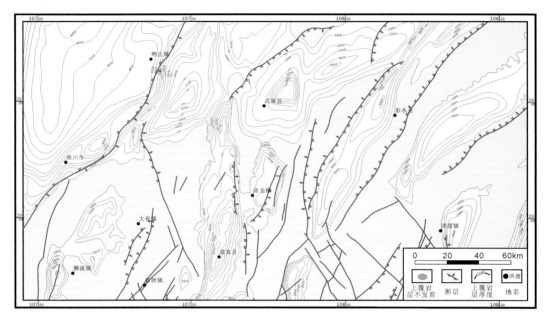

图 4-60　川东南地区下志留统龙马溪组及上覆岩层厚度展布图(据 1:20 万区调资料整理)

封盖面积的大小,确定平面上连续性和稳定性。

上覆岩层横向分布的连续性与上覆岩层厚度大小有密切的联系。一般来说,上覆岩层厚度越大,横向分布的连续性越好,往往分布面积越大。上覆岩层厚度越小,横向分布的连续性越差,分布面积越小。因此,上覆岩层残留厚度较大分布较广的区域且"通天"断层不发育的区域是油气保存相对有利的区域。

研究区上覆岩层厚度显示(图 4-60),齐岳山以西上覆层厚度最大,可达 6050 m。武隆向斜上覆岩层厚度可达 4250 m,其次为武隆的白马向斜,上覆岩层最厚为 3650 m,上覆岩层厚度最薄的是彭水桑拓坪向斜,厚度仅为 2600 m。

从上覆岩层展布范围来看,由大到小依次为白马向斜、武隆向斜、道真向斜、桑拓坪向斜、普子向斜。

(四) 构造形态

四川盆地及周缘地区白垩纪以来发生强烈隆升剥蚀作用,从而造成五峰组—龙马溪组地层埋藏深度变浅,地层压力减小,页岩吸附能力减弱,即大量吸附气转化为游离气。含气量测试显示,彭页 1 井含气页岩核心段游离气占总含气量的 38.52%,焦页 1 井含气页岩核心段游离气占总含气量的 57.74%。焦石坝构造中焦页 1 井、焦页 2 井、焦页 3 井、焦页 4 井中,游离气含气量均超过总含气量的 60%。

如若使得游离气有效聚集,需有类似于常规油气勘探中圈闭,只有这些圈闭的存在,才能不至于使得游离气被大量逸散。四川盆地的页岩气勘探显示,宽缓型背斜和宽缓型向斜部位页岩气井产气量相对较高。焦石坝构造为箱状褶皱,富顺—永川区块的阳 101 井位于宽缓背斜之上,压裂日产气 43 万 m³。

（五）裂缝间距指数

岩石断裂变形过程中不仅形成断层，同时还发育大量裂缝，而裂缝的密度及破裂深度直接反映岩层破裂程度。含气页岩上覆岩层破裂发育程度越高，则对下伏岩层的封存能力也就越弱，反之亦然。

通过野外裂缝实测数据的整理，分别利用涪陵 22 个、武隆 40 个、彭水 18 个、道真 23 个点位数据进行计算分析获得了各个地区 FSI 指数（无量纲）（表 4-12，图 4-61），结果显示：计算 FSI 指数的相关系数介于 0.7074～0.832，其中涪陵地区的 FSI 指数为 1.2536，统计分析武隆地区的 FSI 指数为 3.2679，川东南地区的 FSI 指数为 5.3955，道真地区的 FSI 指数为 9.4767。从计算结果来看，FSI 指数有较大的差异，靠近四川盆地最近的区域涪陵最小，其次是武隆地区、川东南地区，最大的是靠近金佛山菱形构造区域顶端部位的道真地区。数据的差异也说明了各个区域破裂发育程度不尽相同。涪陵裂缝多为小型层内裂缝，穿切岩层厚度不大，道真地区则多见"通天"破裂。

表 4-12　研究区主要向斜 FSI 指数对比

区域	数据点	FSI	相关系数
涪陵	22	1.253 6	0.707 4
武隆	40	3.267 9	0.751 7
彭水	18	5.395 5	0.809 5
道真	23	9.476 7	0.832

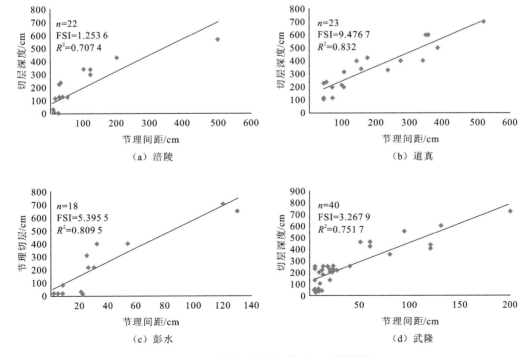

图 4-61　研究区主要向斜区 FSI 指数图

依据 Ruf 的观点,道真区域破裂发育程度最高,其次为彭水和武隆区域,上覆岩层完整程度最好的是涪陵地区。就破裂程度来看,全区由南至北、由东至西破裂发育程度逐渐减弱,上覆盖层封盖性也是相对变好。

(六)宏观保存条件评价

从断裂作用、顶底板有效性、上覆层厚度、构造形态及裂缝间距指数等方面来揭示川东南地区的各构造形变区页岩气宏观保存条件。基于评价标准,以及各区块评价指标实际,对川东南地区的各构造形变区进行页岩气宏观保存条件综合评价。

由表 4-13 可知,川东南地区的各构造形变区宏观页岩气保存条件综合评价指标值为 0.425～0.7875。其中,川东南褶皱带综合评价指标最高,为 0.7875,其次为武隆断褶带 0.5875,再次为彭水断褶带和黔江断褶带,综合评价指标为 0.525,最后为道真叠加断褶带、务川叠加断褶带和沿河叠加断褶带,综合评价指标为 0.425。

表 4-13　川东南地区页岩气宏观保存条件评价结果

构造单元			顶底板有效性(0.25)		断裂作用(0.25)		上覆层厚度(0.2)	构造形态(0.2)	裂缝间距指数(0.1)	综合评价指标	保存条件排序
一级	二级	三级	顶底板岩性(0.4)	厚度(0.6)	主干断裂(0.4)	断层密度(0.6)	厚度(0.2)	形态(0.2)	(0.1)		
川东南褶皱带			I-II	III	I	I	III	I	II	0.7875	1
湘鄂西黔东北断褶带	武隆—道真构造带	武隆断褶带	I-II	III	II	I	III	IV	III	0.5875	2
		道真叠加断褶带	I-II	III	III	IV	III	IV	IV	0.425	4
	彭水—务川构造带	彭水断褶带	I-II	III	II	II	III	IV	IV	0.525	3
		务川叠加断褶带	I-II	III	III	IV	III	IV	IV	0.425	4
	黔江—沿河构造带	黔江断褶带	I-II	III	II	II	III	IV	IV	0.525	3
		沿河叠加断褶带	I-II	III	III	IV	III	IV	IV	0.425	4

评价结果显示,齐岳山断裂以东整体封闭保存条件都不是十分理想,而且武隆—彭水一线以南构造叠加带保存条件最差。

三、页岩气保存条件微观标志

保存条件的好坏直接体现在流体压力、地质流体类型和古流体下渗深度上,因此,通过微观封存能力的流体标志可直观反映保存条件的好坏。

（一）流体压力

高压的形成受多种因素的影响,与页岩保存条件存在密切的关系。根据其构造所处的位置及特征可划分为构造改造区、靠近页岩剥蚀区和构造稳定区,不同构造区压力系数差异较大,气产量变化也较大。构造改造区富有基质页岩基本不含气,储层为常压或欠压;靠近剥蚀区页岩含气量低,储层为常压;构造稳定区,页岩含气量高,储层为超压。四川盆地及周缘龙马溪组页岩的含气性均表现为区域上分布的不连续性。总的看来,页岩储层构造稳定,断层不发育,保存条件好,储层超压,页岩含气量一般为 4～8 m³/t,其中游离气含量高达 70%～80%;页岩储层构造改造强烈,断层发育,储层一般为常压或欠压,页岩微含气或不含气。经勘探证实,根据近年来对四川盆地及周缘地区海相页岩气的勘探井钻探(表 4-14),页岩气资源的富集受构造活动影响较大,页岩气日产量与地层压力系数存在明显的正相关性,一般认为,压力系数大于 1.2 是单井高产高效的重要特征。

表 4-14　四川盆地及周缘五峰组—龙马溪组钻探评价情况

构造位置	井号	气产量(万 m³/d)	压力系数	保存条件
盆内	焦页 1HF	20.3	1.45	好
	威 201—H1	1	1.0	较好
	宁 201—H1	14～15	2.0	好
	阳 201—H2	43	2.2	好
盆缘	彭页 1 井	2.5	0.8～1.0	较差
	昭 101 井	微含气	0.8	差
	渝页 1 井	微含气		差

勘探显示,彭页 1 井龙马溪组含气页岩压力系数为 0.8～0.9,为异常低压,彭页 3 井压力系数为 0.96,为常压。齐岳山断层以西焦页 1 井压力系数为 1.45,为异常高压。通过对桑柘坪向斜和道真向斜龙马溪组含气页岩的压力系数恢复显示,均处于常压-异常低压范围。

（二）古地质流体性质

构造环境的多样性及构造运动的多期次性造成川东南地区不同构造单元和不同的构造层次,其构造样式与构造运动强度均存在较大的差异,断层及褶皱中以逆冲断裂为主,体现了整体上挤压的构造应力场。

研究区内多期次成岩作用形成的方解石广泛发育,多沿断裂带分布,呈单脉或脉群状以各种形态穿插于岩层中,单体上、宽数毫米至数十米不等。根据相关层位中方解石脉的碳、氧同位素,Keith 和 Weber(1964)推导出:

$$Z = 2.048 \times (\delta^{13}C + 50) + 0.498 \times (\delta^{18}O + 50)$$

计算古盐度指数值的公式,可以计算出相关层位中方解石脉形成时流体(水介质)的

古盐度指数的 Z 值,如在"120"这个临界值上下摆动(一般 $Z > 120$ 时为海相碳酸盐,$Z <$ 120 时为淡水碳酸盐),说明了碳酸盐矿物相的方解石胶结是在一种有淡水不断混合的环境中形成(表 4-15,图 4-62)。

表 4-15　川东南地区断层带方解石脉体碳氧同位素数据

地层	充填特征	$\delta^{13}C/‰$	$\delta^{18}O/‰$	古盐度 Z 值	$T/℃$	H/m
P_1	左行平移-正断层	4.17	−10.88	130.42	77.87	2 066.72
O_3	正断层	−2.66	−17.54	113.12	128.46	3 873.63
P_1	逆断层	4.41	−8.07	132.31	59.41	1 407.41
P_1	逆断层	3.74	−8.52	130.72	62.25	1 508.88
S_2lr	斜向滑动断层	−0.06	−8.03	123.18	59.16	1 398.47
O	压性断层	−0.61	−10.3	120.92	73.92	1 925.62
S	层面方解石	−17.02	−13.44	85.75	96.18	2 720.61
P_1	网状裂缝带	3.32	−13.56	127.35	97.07	2 752.51
T_1f	张节理	−1.73	−12.44	117.56	88.86	2 459.14
O_1	正断层	3.94	−10.21	130.28	73.31	1 903.96
P_1m	张节理	4.05	−7.24	131.99	54.28	1 224.38
O_2m	正断层	−2.30	−15.61	114.82	112.81	3 314.65
O_1	正断层	−2.77	−19.71	111.81	147.02	4 536.60
P_1m	逆断层	3.24	−13.73	127.10	98.34	2 797.89
O_1	网状裂缝带	−3.45	−10.35	115.08	74.26	1 937.68
S_1lm/O_3b	逆断层	1.46	−13.99	123.32	100.30	2 867.72
P_1q	张扭性断层	2.91	−8.92	128.82	64.81	1 600.39
P_1m	逆断层	1.62	−12.33	124.48	88.06	2 430.85
S_1lm/O_1	逆冲断层	4.49	−11.44	130.80	81.75	2 205.42
S_1lm	剪节理	−0.62	−16.46	117.83	119.60	3 557.28
S_1lm	压性断层	0.28	−15.88	119.97	114.95	3 391.11
S_1lm	逆-右行平移断层	23.4	−14.38	168.06	103.26	2 973.46
S_1lm	剪节理	17.89	−14.05	156.94	100.75	2 883.91
S_1lm	裂缝	1.22	−11.92	123.86	85.13	2 326.24
S_1lm	裂缝	−0.71	−12.62	119.56	90.16	2 505.63
S_1lm	裂缝	−0.43	−12.59	120.15	89.94	2 497.87
S_1lm	裂缝	−0.45	−12.76	120.02	91.18	2 541.97

从川东南地区的 Z 值分布来看,不难看出川东南地区多分布在 $Z > 120$ 的海相碳酸

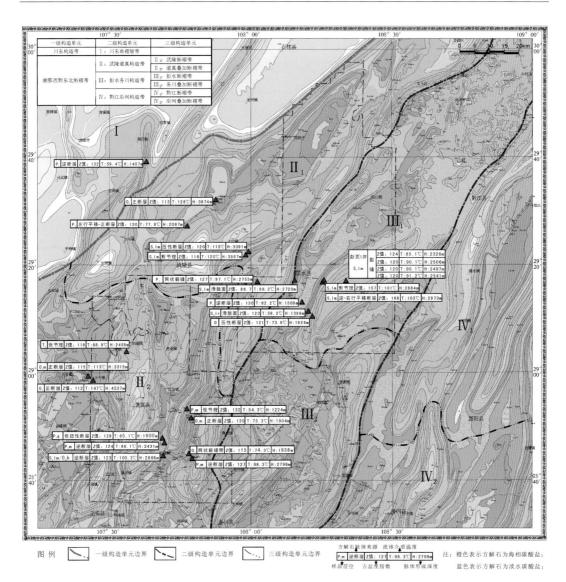

图 4-62　川东南地区古地质流体类型分布图

盐分布区,其中靠近万足乡的位置 Z 值为 168.06,是本研究区最高值,而道真向斜内大有乡则只有 111.81,为研究区最低值,说明其构造抬升作用明显,顶部剥蚀使得张性裂隙充填的方解石脉以淡水胶结为主。

整体上,$Z<120$ 多为主干断裂带周边以及强烈剥蚀区,而远离断层区 Z 值多大于120。同时分析数据显示,武隆断褶带和彭水断褶带中方解石多为海相碳酸盐分布区,而道真叠加褶皱带中 40% 方解石样品为淡水碳酸盐分布区。

（三）古流体下渗深度

利用方解石脉的稳定同位素组成,获取形成温度等地球化学参数,并且在分析方解石脉成因的基础上,计算古大气水的下渗深度,其计算过程体现在以下几个方面。

（1）测定方解石的碳氧稳定同位素组成,判断方解石脉形成时的流体有大气水的参与;

（2）计算方解石脉的形成温度;

（3）结合古地温梯度计算方解石形成深度,这个深度即为古大气水的下渗深度。

碳酸盐成岩时水体介质的温度是控制碳酸盐稳定同位素组成的重要因素之一。水介质温度对 $\delta^{18}O$ 值的影响远远超过盐度对它的影响,而 $\delta^{13}C$ 值随温度变化很小。因此,在盐度不变时,$\delta^{18}O$ 值可作为测定古温度的可靠标志。当碳酸盐与水介质处于平衡状态时,$\delta^{18}O$ 值随温度的升高而下降。

依据川东南地区各时代地层构造裂隙方解石充填物的 $\delta^{13}C$、$\delta^{18}O$ 值,可以求得方解石充填物质形成时期的流体介质温度。

计算古大气水的下渗深度过程中采用的古地温梯度采用焦页 1 井地温梯度,即2.81 ℃/100m（表 4-16）。

表 4-16 川东地区部分钻井地温梯度数据表

井号	深度/m	层位	测地温度/℃	测量方式	计算用常温/℃	计算地温梯度/℃
三星 1	4 558.28	石炭系	107.46	完井测试	15	2.03
建深 1	4 346	小河坝下部	118.5	中途测试	17	2.34
焦页 1	2 600	龙马溪组下部	90	地温梯度反推	17	2.81

从所采方解石脉的碳氧同位素测试结果来看,研究区各层次裂隙方解石充填物的 $\delta^{13}C$ 值低值较多,受下渗大气水的影响,大气水沿断裂带下渗的深度较大。图 4-62 显示,桑柘坪向斜大气水下渗深度小于2300 m,道真向斜大气水下渗深度超过2500 m。武隆断褶带中,主干断裂带附件,大气水下渗深度大,如仙女山断裂中大气水下渗深度超过3800 m,而远离断裂带,下渗深度明显降低,小于2000 m。焦石坝构造中由于断裂不甚发育,而且晚燕山期—早喜马拉雅期的伸展构造没有作用于该区,整体保存条件好,大气水下渗深度小于1400。

从计算方法中可以看出,这个古大气水下渗深度是剥蚀过程中方解石脉形成时的大气水下渗深度,不代表最大剥蚀厚度时期的古大气水下渗深度。因此,计算获得的古大气水下渗深度是区内抬升剥蚀过程中某个时期的大气水下渗深度。

（四）微观保存标志评价

从流体压力特征、古地质流体特征和古大气水下渗深度等微观保存标志来揭示川东南地区的各构造形变区页岩气宏观保存条件。基于表 4-11 的评价标准,以及各区块评价指标实际,对川东南地区的各构造形变区进行页岩气微观保存标志综合评价(表 4-17)。

表 4-17　川东南地区页岩气微观保存标志评价结果

构造单元			流体压力特征(0.4)	古地质流体性质(0.3)	古大气水下渗深度(0.3)	综合评价指标	保存条件排序
一级	二级	三级					
川东南褶皱带			I	I	II－III	0.887 5	1
湘鄂西黔东北断褶带	武隆-道真构造带	武隆断褶带	III	II	IV	0.5	2
		道真叠加断褶带	IV	III	IV	0.325	4
	彭水-务川构造带	彭水断褶带	IV	II	IV	0.4	3
		务川叠加断褶带	IV	—	—	—	—
	黔江-沿河构造带	黔江断褶带	IV	—	—	—	—
		沿河叠加断褶带	IV	—	—	—	—

由表 4-17 可知,川东南地区的各构造形变区宏观页岩气保存条件综合评价指标值为 0.325～0.887 8。其中,川东南褶皱带综合评价指标最高,为 0.887 5,其次为武隆断褶带 0.5,再次为彭水断褶带,综合评价指标为 0.4,最后为道真叠加断褶带,综合评价指标为 0.325。其他构造单元由于数据不全,这里不参与评价。

微观保存标志评价与宏观保存条件评价结果较为一致,整体上齐岳山断裂以东封闭保存条件都不是十分理想,而且武隆—彭水一线以南构造叠加带保存条件最差。对于川东南地区桑柘坪向斜和道真向斜而言,微观保存标志与宏观保存条件均显示前者好于后者。

页岩气资源潜力评价及有利区带优选

第五章

第一节　页岩气资源评价方法

一、页岩气资源评价方法类型及特点

页岩气发育条件及富集机理的特殊性,决定了相应资源评价方法和参数取值的特殊性(董大忠等,2009)。结合常规的油气成藏特点,通常的油气资源评价方法一般采用系统的"累加"法原则和思路进行,与常规油气的不断富集过程和特点相吻合(金之钧和张金川,1999);页岩气以吸附和游离两种状态同时赋存于泥页岩中,天然气的富集兼具有煤层气、根缘气和常规储层气的机理特点,表现为典型的天然气吸附与脱附、聚集与逃逸的动态过程,资源量与储量评价方法需相应调整和考虑;当页岩物性超出下限(孔隙度小于1%)、页岩含气量达不到工业标准或者埋藏深度超出经济下限(埋深 4 500 m)时,页岩气资源量与储量计算结果宜采取适当办法从总量中扣除。基于常规油气资源评价方法并考虑页岩气聚集的地质特殊性,采用系统性思想和原则(Hartiwig et al.,2010;潘仁芳等,2011;李延钧等,2011;Pollastro,2007;Schmoker,2002),将页岩气资源量与储量评价方法划分为四大类及若干小类(表 5-1)。

表 5-1　页岩气资源评价主要方法

评价方法	方法列举	主要影响因素
类比法	规模(面积、体积等)类比法、聚集条件类比法、综合类比法等	被比对象和类比系数
成因法	剩余资源分析法、成因分析法、产气历史分析法等	过程模型及滞留参数
统计法(含体积法)	体积统计法、吸附要素分析法、地质风险概率分析法、产量分割法、趋势分析法等	历史数据及统计模型。体积法主要影响因素:有效体积参数及含气量
综合法	蒙特卡罗法、特尔菲综合分析法、专家系统法等	综合模型及权重分析

(一)类比法

类比法是页岩气资源量与储量评价和计算的最基本方法,由于重点考虑的因素不同而可以进一步划分为多种。该方法可适应于不同的地质条件和资料情况,但由于目前已成功勘探开发的页岩气主要集中在美国且页岩气富集模式还很有限,故该方法的应用目

前还局限于与美国页岩气区具有相似地质背景的研究对象中。假设 q 为标准区页岩气总资源量、k_1 为评价区地质参数(或评价系数);k_2 为标准区地质参数(或评价系数);c 为修正系数,则评价区页岩气资源量或储量 Q 为

$$Q = qk_1/(k_2c) \tag{5-1}$$

页岩气地质评价系数的主控因素为源岩总有机碳含量、成熟度、类型、厚度及埋深。因此,在计算中往往以这 5 个条件作为地质评价系数赋值的基本依据,根据各自在评价过程中的重要性不同,可分别赋予不同权重(P_O,P_R,P_T,P_h,P_H)进行计算,地质评价系数由式(5-2)加以确定:

$$K = P_OK_O + P_RK_R + P_TK_T + P_hK_h + P_HK_H \tag{5-2}$$

式中,K 为地质评价系数;K_O 为总有机碳含量条件系数;K_R 为有机质成熟度条件系数;K_T 为有机质类型条件系数;K_h 为厚度条件系数;K_H 为埋深条件系数。

(二) 成因法

成因法是基于页岩气形成过程极其复杂(如古生界海相页岩),要弄清页岩生气过程中每一次生、排烃过程几乎不可能的条件下进行的,在页岩气的资源与储量评价计算过程中宜采用"黑箱"原理进行,即将页岩视为/黑箱 0 并以页岩气研究为核心,通过多次试验分别求得页岩的平衡聚集量,进而求得页岩的剩余总含气量。由于在常规的页岩气资源评价方法中,页岩气是被作为残留于烃源岩中的损失量进行计算的,故页岩气资源量的成因算法是对油气资源量计算的重要补充。其中,剩余资源分析法适用于页岩气勘探开发早期。当盆地内页岩总生气量 Q 和常规类型天然气资源量或储量 Q_n(含逸散量)为已知,并假定其他非常规天然气资源量可以忽略不计时,页岩气资源量 Q_s 为总生气量与常规资源总量的差值,即

$$Q_s = Q - Q_n \tag{5-3}$$

(三) 统计法

当已经取得一定的含气量数据或拥有开发生产资料时,使用统计法进行页岩气资源与储量计算易于取得更加准确的数据。

用体积统计法对页岩气进行资源量计算主要是以满足 $TOC > 0.3\%$、$R_o > 0.4\%$、埋藏深度不超过 4 500 m 的页岩发育面积和厚度求得页岩气含气体积,进而求得资源量。假设页岩的有效体积为 V,单位重量页岩总含气量为 A,岩石密度为 ρ,则由式(5-4)可求得资源量或储量 Q:

$$Q = AV\rho \tag{5-4}$$

吸附要素分析法主要考虑页岩气赋存状态与其约束因素之间的统计关系,页岩总含气量 Q_a 与其总有机碳含量 x_1、有机质类型 x_2、有机质成熟度 x_3、伴生矿物类型 x_4 等存在一定的统计关系,即

$$Q_a = f(x_1, x_2, x_3, x_4, \cdots, x_n) \tag{5-5}$$

进一步,根据上述各影响因素自身的概率函数分布对其进行概率赋值,可求得页岩气

资源分布的概率分布函数，据此可计算不同概率条件下的页岩气资源/储量，即

$$Q_p = f(S_p, H_p, U_p, K_p) \tag{5-6}$$

式中，Q_p 为概率 p 条件时的资源量；S_p、H_p、U_p、K_p 分别为面积、厚度、孔隙度、渗透率参数。

（四）综合法

在类比法、成因法、统计法计算资源量的基础上，采用蒙特卡洛法、打分法、盆地模拟法、专家赋值法、特尔菲综合法等对计算结果进行综合分析，并可通过概率分析法对页岩气资源的平面分布进行预测，得出可信度较高的结果（李玉喜等，2011；李艳丽，2009）。

盆地模拟方法及先进的盆地模拟软件可以定量模拟烃源岩的成熟演化及空间的展布特征，恢复盆地在地史时期中的烃源岩生排烃过程，利用动态研究的思想并分析预测页岩生气以后的留排过程，计算页岩中天然气的现今存留数量作为页岩气资源评价的结果。

蒙特卡洛法是一种基于"随机数"的计算方法，它回避了结构可靠度分析中的数学困难而不需要考虑状态函数特征，只要模拟次数足够多，就可以得到一个比较精确的可靠度指标。计算公式可表示为页岩气成藏地质要素与经验系数的连乘，即资源量 Q 可表示为

$$Q = K \prod_{i=1}^{n} f(X_i) \tag{5-7}$$

式中，$f(X_i)$ 为第 i 个地质要素的值；Q 为资源量；K 为所有经验系数的乘积。

特尔菲综合法的主要原理是将不同地质专家对研究区页岩气的认识进行综合，是完成资源汇总与分析的重要手段。在美国、加拿大等国家，特尔菲综合法法被认为是最重要的评价方法之一。

基于以上四种类型评价方法适用范围及特征，认为适合我国现阶段页岩气勘探开发现状的页岩气资源评价的方法为体积法。

二、页岩气资源评价方法对比

目前，中国和美国的页岩气资源潜力评价方法都是基于概率统计的容积法，中国采用条件概率体（容）积法，美国采用福斯潘法（FORSPAN）。

（一）中国页岩气资源潜力评价方法

中国国土资源部计算陆域页岩气地质资源主要采用条件概率体积法。中国页岩气类型多且地质条件复杂，相关计算参数难以准确把握，故需要使用概率法原理对计算参数进行筛选赋值分析计算和结果表征，即条件概率体积法，又由于中国页岩气勘探地质资料少，认识程度低，故在全国页岩气资源评价方法选择中推荐使用条件概率体积法，或者以概率体积法为主，以类比法及统计法等作为辅助的综合评价法（李玉喜等，2012；张金川等，2012）。

（二）美国页岩气资源潜力评价方法

福斯潘法（FORSPAN）是美国地质调查局（USGS）目前使用的页岩气资源评价的重要方法。该方法以连续型油气藏的每一个含油气单元为对象进行资源潜力评价，即假设每个单元都有油气生产能力，但各单元间含油气性（包括经济性）可以相差很大，以概率形式对每个单元的资源潜力做出预测。以往也用体积法对连续型油气藏资源潜力做过评价。在体积法中，原始资源量估算常用的参数主要是一些基本地质参数（如面积、厚度、孔隙度等），这些参数有很大的不确定性，且各单元间关系密切、缺乏独立性。因此，参数选取及标准确定较困难。福斯潘法建立在已经有开发数据的基础上，估算结果为未开发原始资源量，适合已经有开发单元的剩余资源潜力预测。已有的钻井资料主要用于储层参数（如厚度、含水饱和度、孔隙度、渗透率）的综合模拟、权重系数的确定、最终储量和采收率的估算。如果缺乏足够的钻井和生产数据，评价可以依赖各参数的类比取值。

第二节　页岩气资源潜力评价参数选取与确定

一、体积法计算原理

页岩气资源量为泥页岩层系内所有天然气的总和，体积法计算页岩气资源量的数学表达方式为泥页岩质量与单位质量泥页岩所含天然气（含气量）的乘积（邱小松等，2014；张金川等，2012；Jarvie et al.，2007）。

假设 Q_t 为页岩气资源量（10^8 m^3），A 为含气泥页岩面积（km^2），h 为有效泥页岩厚度（m），ρ 为泥页岩密度（t/m^3），q 为含气量（m^3/t），则

$$Q_t = 0.01 \cdot A \cdot h \cdot \rho \cdot q \tag{5-8}$$

泥页岩含气量是页岩气资源计算和评价过程中的关键参数，是一个数值范围变化较大且难以准确获得的参数，因此，也可以采用分解法对（总）含气量进行分别求取。在泥页岩地层层系中，天然气的赋存方式可能为游离态、吸附态或者溶解态，可分别采取不同的方法进行计算。

$$q_t = q_a + q_f + q_d \tag{5-9}$$

式中，q_a 为吸附气含量（m^3/t）；q_f 为游离气含量（m^3/t）；q_d 为溶解气含量（m^3/t）。

1. 吸附气含量

吸附气含量参数获取可以分为直接法和间接法，其中直接法为页岩气现场测试仪中岩样经过加热散失解析气之后，将岩样粉碎后反复解析得出的残余气量，即为吸附气量。间接法主要为等温吸附模拟法，即将待实验样品模拟地下温度的条件下，模拟并计量不同压力条件下的最大吸附气含量。设 q_a 为吸附气含量（m^3/t），V_L 为兰氏（Langmuir）体积（m^3），P_L 为兰氏压力（MP$_a$），P 为地层压力（MP$_a$），则吸附气含量（Q_a）为

$$Q_a = 0.01 \cdot A \cdot h \cdot \rho \cdot q_a \qquad (5\text{-}10)$$

$$q_a = V_L \cdot P / (P_L + P) \qquad (5\text{-}11)$$

采用等温吸附法计算所得的吸附气含量数值通常为最大值,具体地质条件的变化可能会不同程度地降低实际的含气量,故实验所得的含气量数据在计算使用时通常需要根据地质条件变化进行校正。

2. 游离气含量

游离气含量参数获取可以分为直接法和间接法,其中直接法为页岩气现场测试仪中岩样经过加热得出的解析气量与从岩样返回地面到装罐那段时间损失气量之和,解析气量可直接得出,损失气量是预测含量,即以标准状态下累计解析量为纵坐标,损失气时间与解析气时间之和的平方根为横坐标作图,将最初解析的呈直线关系的各点连线,延长直线与纵坐标轴相交,则直线在纵坐标轴的截距为损失气量。间接法是通过孔隙度(包括孔隙和裂缝体积)和含气饱和度实现。设 Φ_g 为孔隙度(%),S_g 为含气饱和度(%),B_g 为体积系数(无量纲,为将地下天然气体积转换成标准条件下的换算系数),则游离气含量(Q_f)为

$$Q_f = 0.01 \cdot A \cdot h \cdot q_f \qquad (5\text{-}12)$$

$$q_f = \Phi_g \cdot S_g / B_g \qquad (5\text{-}13)$$

3. 溶解气含量

泥页岩中的天然气可不同程度地溶解于地层水、干酪根、沥青质或原油中,但由于地质条件变化较大,溶解气含量通常难以准确获得。在地质条件下,干酪根和沥青质对天然气的溶解量极小,而地层水又不是含气泥页岩流体的主要构成,故上述介质均只能对天然气予以微量溶解,在通常的含气量分析及资源量分解计算中可忽略不计。当地层以含油(特别是含轻质油)为主且油气同存时,泥页岩地层中含较多溶解气(油溶气),此时可按凝析油方法进行计算。

4. 地质资源量

在不考虑页岩油情况下,页岩气地质资源量为

$$Q_t = 0.01 \cdot A \cdot h \cdot \rho \cdot q_t = 0.01 \cdot A \cdot h \cdot (\rho \cdot q_a + \Phi_g \cdot S_g / B_g) \qquad (5\text{-}14)$$

含气量是页岩气资源量计算过程中的关键参数,分别可有现场解析法、等温吸附实验法、地质类比法、数学统计法、测井解释法及计算法等多种方法计算获得。但需要说明的是,通过现场解析实验和等温吸附实验所获得的含气量已经考虑到了天然气从地下到地表(或标准条件)由于压力条件改变而引起的体积变化,因此不需要用体积系数(B_g)进行校正;但当采用其他方法且未考虑到温度和压力条件转变引起的体积变化时,所获得的含气量就需要用体积系数进行校正。

5. 可采资源量

页岩气可采资源量可由地质资源量与可采系数相乘而得。假设 Q_r 为页岩气可采资源量(10^8 m^3),k 为可采系数(无量纲),q_o 和 q_r 分别为泥页岩原始和残余含气量(m^3/t),有

$$Q_r = Q_t \cdot k$$

$$k = (q_o - q_r) / q_o \qquad (5\text{-}15)$$

$$Q_r = (q_o - q_r) Q_t / q_o$$

二、评价单元

采用体积法进行页岩气资源潜力评价首先优选出评价单元,以评价单元为单位分层系进行页岩气资源量计算。由于上扬子地区与中扬子地区自沉积后受构造运动的影响不尽相同,因此将上扬子地区与中扬子地区分为两个不同的评价单元,本书以中扬子地区为例,以中扬子地区下震旦统陡山沱组、下寒武统牛蹄塘组、上奥陶统五峰组—下志留统龙马溪组为基本评价单元,分别对评价单元内不同层系岩性、沉积相、埋深、地层压力、地层温度、构造条件、勘探程度、地貌特征等基本信息进行调查,其统计单元信息见表 5-2～表 5-4。

表 5-2　页岩气资源量计算单元信息表

评价单元名称	中扬子地区
目标层系	下震旦统陡山沱组
地质时代	新元古代
岩性及其组合特征	灰黑色、黑色的页岩,粉砂质页岩
沉积相类型	台地边缘斜坡相
干酪根类型	II_1 型
埋深/m	0～6 000
地层压力/MPa	17.3～27.4
地层温度/℃	25～205
构造特征	包括湘鄂西区、江汉平原区及鄂东区
勘探及工作量和工作程度	很少有钻遇的井,发现少量的气测异常
地形地貌	以山区、平原为主,其次为丘陵

表 5-3　页岩气资源量计算单元信息表

评价单元名称	中扬子地区
目标层系	下寒武统牛蹄塘组
地质时代	早古生代
岩性及其组合特征	黑色、灰黑色的碳质、灰质、粉砂质页岩
沉积相类型	深水陆棚相
干酪根类型	I 型和 II_1 型
埋深/m	0～5 000
地层压力/MPa	17.3～24.3
地层温度/℃	25～175
构造特征	包括湘鄂西区、江汉平原区及鄂东区
勘探及工作量和工作程度	有部分钻遇的井,发现气测异常
地形地貌	以山区、平原为主,其次为丘陵

表 5-4　页岩气资源量计算单元信息表

评价单元名称	中扬子地区
目标层系	上奥陶统五峰组—下志留统龙马溪组
地质时代	早古生代
岩性及其组合特征	黑色硅质页岩,灰黑色粉砂质、碳质泥页岩
沉积相类型	碎屑岩深水-浅水陆棚
干酪根类型	II_1 型和 II_2 型
埋深/m	0～4 000
地层压力/MPa	17.3～22.5
地层温度/℃	25～145
构造特征	包括湘鄂西区、江汉平原区及鄂东区
勘探及工作量和工作程度	较多地钻遇的井,河页 1 井有实验测试结果较好
地形地貌	以山区、平原为主,其次为丘陵

中扬子地区下震旦统陡山沱组岩性主要为灰黑的、黑色的页岩、粉砂质页岩,属于台地边缘斜坡相沉积,富有机质泥页岩有机质类型以 II_1 型为主,埋藏深度由地表至 6000 m 均有出现,地层温度和压力变化范围分别为 25～205 ℃ 和 17.3～27.4 MPa,地貌特征以山区、平原为主,其次为丘陵地区。

中扬子地区下寒武统牛蹄塘组岩性主要为黑色、灰黑色的碳质、灰质、粉砂质页岩,属于深水陆棚亚相沉积,富有机质泥页岩有机质类型以 I 型和 II_1 型为主,埋藏深度由地表至 5000 m 均有出现,地层温度和压力变化范围分别为 25～175 ℃ 和 17.3～24.3 MPa,地貌特征以山区、平原为主,其次为丘陵地区。

中扬子地区上奥陶统五峰组—下志留统龙马溪组岩性主要为黑色硅质页岩,灰黑色粉砂质、碳质泥页岩,属于深水-浅水陆棚亚相沉积,富有机质泥页岩有机质类型以 II_1 型和 II_2 型为主,埋藏深度由地表至 4 000 m 均有出现,地层温度和压力变化范围分别为 25～145 ℃ 和17.3～22.5 MPa,地貌特征以山区、平原为主,其次为丘陵地区。

三、评价参数取值方法及赋值结果

(一)面积(有机碳含量相关法)

页岩面积的大小及其有效性主要取决于其中有机碳含量的大小及其变化,可据此对面积的条件概率予以赋值。研究区资料程度较高时,可依据有机碳含量变化进行取值。在扣除了缺失面积的计算单元内,以 TOC 平面分布等值线图为基础,依据不同 TOC 含量等值线所占据的面积,分别求取与之对应的面积概率值(表 5-5,表 5-6)(注:按照规范里不同条件概率对应的有机碳含量赋值时,不同条件概率下的面积相差甚大,故把不同条件概率对应的有机碳含量界限略作改动,使其面积的赋值更加合理)。

表 5-5　中扬子地区面积的条件概率赋值

条件概率/%	有机碳含量界限/%
A_5	0.5
A_{25}	1.0
A_{50}	1.5
A_{75}	1.8
A_{95}	2.2

表 5-6　中扬子地区不同条件概率下的各层位有效页岩面积赋值

层位 ＼ 条件概率	Q_5	Q_{25}	Q_{50}	Q_{75}	Q_{95}
$Z_1 d$	56 895	48 545	35 857	24 168	14 818
$\in_1 n$	59 447	52 437	43 676	34 914	27 904
$O_3 w — S_1 l$	39 099	31 545	22 102	12 658	5 104

（二）厚度（相对面积占有法）

根据露头及钻井资料可知各层位有效页岩厚度，编制页岩有效厚度等值线图，依据不同厚度所占研究区的相对面积大小对不同条件概率的厚度进行估计和赋值（表 5-7）。即从最大厚度中心处开始，依不同厚度等值线所占评价单元有效面积的相对多寡求取对应的条件概率，即在有效页岩等厚图上，不同概率条件下的厚度大致可与该厚度等值线所圈定的面积占有效评价面积的多寡有关。

表 5-7　中扬子地区不同条件概率下的各层位有效页岩厚度赋值

层位 ＼ 条件概率	Q_5	Q_{25}	Q_{50}	Q_{75}	Q_{95}
$Z_1 d$	50	45	23	15	11
$\in_1 n$	50	47	43	31	25
$O_3 w — S_1 l$	42	35	21	16	10

（三）吸附气含量（现场解析）

吸附气含量可由统计拟合、地质类比、等温吸附实验、现场解析和测井解释等多种方法得到。等温吸附模拟法是通过页岩样品的等温吸附实验来模拟样品的吸附特点及吸附量，通常采用 Langmuir 模型来描述其吸附特征。根据该实验得到的等温吸附曲线可以获得不同样品在不同压力（深度）下的最大吸附气含量，也可通过实验确定该页岩样品的 Langmuir 方程计算参数。本书中吸附气含量赋值首先通过相对面积占有法在有机碳含量等值线图上分别赋值不同条件概率下的有机碳含量值，通过有机碳含量与现场解析吸附气含量的相关性关系式，求出不同条件概率下的吸附气含量赋值（表 5-8）。

表 5-8　中扬子地区不同条件概率下的各层位吸附气含量赋值

层位＼条件概率	Q_5	Q_{25}	Q_{50}	Q_{75}	Q_{95}
Z_1d	1.08	1.02	0.96	0.90	0.85
ϵ_1n	1.28	1.14	1.04	0.94	0.80
$O_3w—S_1l$	0.92	0.84	0.65	0.65	0.56

（四）游离气含量（计算）

游离气含量是通过孔隙度（包括孔隙和裂缝体积）、含气饱和度和体积分数计算实现赋值的。设 Φ_g 为孔隙度（％），S_g 为含气饱和度（％），B_g 为体积系数（无量纲，为将地下天然气体积转换成标准条件下的换算系数），则游离气含量（Q_f）为 $q_f＝\Phi_g·S_g/B_g$，计算结果见表 5-9。

表 5-9　中扬子地区不同条件概率下的各层位游离气含量赋值

层位＼条件概率	Q_5	Q_{25}	Q_{50}	Q_{75}	Q_{95}
Z_1d	0.68	0.56	0.47	0.31	0.16
ϵ_1n	0.67	0.53	0.47	0.40	0.30
$O_3w—S_1l$	0.58	0.45	0.37	0.24	0.15

1. 总孔隙度（离散数据统计法）

天然气在页岩中的储集空间包括基质微孔隙和裂缝两部分，故总孔隙度是二者之和，可通过高精度实验和测井解释等多种方法获取计算区内不同样品点的总孔隙度（也称裂缝孔隙度）值，所取得的样品点应尽量在计算区内均匀分布。本书由于研究区内物性分析数据较少，不能编制等值线图，故该参数的选择采用离散数据统计法进行。在进行数据统计前先对分析数据进行合理的筛选，删除总孔隙度大于 6％的数据，对获得的总孔隙度值进行统计分析，得到总孔隙度的条件概率赋值（表 5-10）。

表 5-10　中扬子地区不同条件概率下的各层位孔隙度赋值

层位＼条件概率	Q_5	Q_{25}	Q_{50}	Q_{75}	Q_{95}
Z_1d	3.0	2.7	2.2	1.6	0.9
ϵ_1n	2.8	2.3	2.0	1.6	1.2
$O_3w—S_1l$	2.3	1.9	1.6	1.1	0.7

2. 游离含气饱和度（类比法）

该参数直接获取较困难，在中扬子地区还没有相关的资料，本书中该参数选取主要根据研究区与美国已经取得页岩气商业开发地区地质背景类似，成熟区块游离含气饱和度

一般分布范围为 $40\% \sim 60\%$，故在条件概率赋值时比较理想化，以此等间距对不同条件概率进行赋值（表 5-11）。

表 5-11　中扬子地区不同条件概率下的各层位含气饱和度赋值

层位 ＼ 条件概率	Q_5	Q_{25}	Q_{50}	Q_{75}	Q_{95}
Z_1d	60%	55%	50%	45%	40%
€_1n	60%	55%	50%	45%	40%
O_3w—S_1l	60%	55%	50%	45%	40%

3. 体积系数（图版法）

据 Standing 等（1942）修改后的天然气体积系数变化图版可对不同条件下的天然气体积系数进行查询（图 5-1）。该图版中，横坐标 P_r 为视对应压力（MPa）（实际压力除以临界压力）；纵坐标为压缩因子 Z；不同曲线代表了不同的视对应温度（T_r 单位℉，为实际温度除以临界温度）。

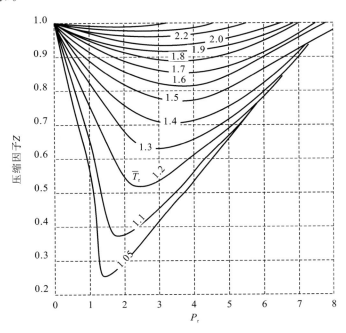

图 5-1　天然气双参数压缩因子图版（据 Standing 等，修改）

对体积系数的概率赋值，首先进行埋深概率赋值，即在等深图上采用相对面积占有法进行条件估计。然后根据该地区的地温梯度及压力梯度分别求取不同概率埋深下的地层压力和地层温度，由美国各盆地页岩气成分组成分析可知其主要成分为甲烷气体。根据甲烷气体的临界压力和临界温度，分别计算出视对应压力和视对应温度，最后查图版得到体积系数在不同条件概率下的赋值（表 5-12）。

表 5-12　中扬子地区不同条件概率下的各层位压缩因子赋值

层位　　　条件概率	Q_5	Q_{25}	Q_{50}	Q_{75}	Q_{95}
Z_1d	1.00	1.00	0.90	0.89	0.85
€_1n	0.98	0.97	0.90	0.82	0.76
$O_3w—S_1l$	0.93	0.92	0.85	0.81	0.77

（五）总含气量（计算）

由于总含气量是游离气与吸附气含量之和,根据公式 $q_t = q_a + \dfrac{\Phi_g \cdot S_g}{\rho \cdot B_g}$ 直接求取总含气量,见表 5-13。

表 5-13　中扬子地区不同条件概率下的各层位总含气量赋值

层位　　　条件概率	Q_5	Q_{25}	Q_{50}	Q_{75}	Q_{95}
Z_1d	1.76	1.58	1.43	1.21	1.01
€_1n	1.95	1.67	1.51	1.34	1.10
$O_3w—S_1l$	1.50	1.29	1.02	0.89	0.71

（六）页岩密度（离散数据统计法）

鉴于研究区内数据点较少,不能编制等值线图,故该参数的选择采用离散数据统计法进行。在进行数据统计前先对分析数据进行合理的筛选,对处理后的页岩密度值进行统计分析,得出不同条件概率下的密度值（表 5-14）。

表 5-14　中扬子地区不同条件概率下的各层位页岩密度赋值

层位　　　条件概率	Q_5	Q_{25}	Q_{50}	Q_{75}	Q_{95}
Z_1d	2.64	2.63	2.62	2.61	2.60
€_1n	2.55	2.54	2.52	2.50	2.49
$O_3w—S_1l$	2.60	2.58	2.56	2.52	2.50

（七）可采系数（类比法）

可采系数是可以开采天然气与总含气量的比值,河页 1 井做了含气量的测试,可计算出五峰组—龙马溪组的可采系数,根据美国研究成熟地区的资料可得出随埋深增大可采系数越小,在此基础上通过类比法得出中扬子地区陡山沱组和牛蹄塘组的可采系数为15%,中扬子地区五峰组—龙马溪组的可采系数为 22.25%。

第三节　页岩气资源潜力评价结果

根据概率体积法计算出中扬子地区下震旦统陡山沱组、下寒武统牛蹄塘组、上奥陶统五峰组—下志留统龙马溪组页岩气地质资源量和可采资源量分别汇总如下。

一、资源分布特征

（一）平面上的地质单元

中扬子地区按照地质单元、目标层系可以划分为湘鄂西区、江汉平原区、鄂东区,其页岩气地质和可采资源量进行汇总如下(表5-15)。

表 5-15　中扬子地区按照地质单元、层系资源潜力评价结果表

评价单元		层系	地质资源量/$10^8 m^3$					可采资源量/$10^8 m^3$				
			Q_5	Q_{25}	Q_{50}	Q_{75}	Q_{95}	Q_5	Q_{25}	Q_{50}	Q_{75}	Q_{95}
中扬子地区	湘鄂西	$Z_1 d$	21 925	16 087	6 948	669	106	3 289	2 413	1 042	100	16
		$\epsilon_1 n$	39 220	43 274	45 621	53 059	47 273	5 883	6 491	6 843	7 959	7 091
		$O_3 w$—$S_1 l$	7 052	1 028	1 160	912	27	1 569	229	258	203	6
		总计	68 197	60 389	53 729	54 640	47 406	10 741	9 133	8 143	8 262	7 113
	江汉平原	$Z_1 d$	27 720	15 817	12 103	7 237	3 065	4 158	2 372	1 815	1 086	460
		$\epsilon_1 n$	41 043	21 095	13 084	5 965	473	6 156	3 164	1 963	895	71
		$O_3 w$—$S_1 l$	18 871	16 367	14 134	10 784	6 690	4 199	3 642	3 145	2 399	1 489
		总计	87 634	53 279	39 321	23 986	10 228	14 513	9 178	6 923	4 380	2 020
	鄂东区	$Z_1 d$	8 062	6 053	10 697	13 676	6 493	1 209	908	1 605	2 051	974
		$\epsilon_1 n$	14 270	12 282	9 727	1 548	473	2 140	1 842	1 459	232	71
		$O_3 w$—$S_1 l$	2 627	1 997	376	254	124	584	444	84	57	28
		总计	24 959	20 332	20 800	15 478	7 090	3 933	3 194	3 148	2 340	1 073
	分层系	$Z_1 d$	57 707	37 957	29 748	21 582	9 664	8 656	5 693	4 462	3 237	1 450
		$\epsilon_1 n$	94 533	76 651	68 432	60 572	48 219	14 179	11 497	10 265	9 086	7 233
		$O_3 w$—$S_1 l$	28 550	19 392	15 670	11 950	6 841	6 352	4 315	3 487	2 659	1523
	合计		180 790	134 000	113 850	94 104	64 724	29 187	21 505	18 214	14 982	10 206

（二）埋藏深度

中扬子地区不同评价单元按照埋深情况,其页岩气不同概率条件下的地质和可采资源量进行汇总如下(表5-16)。

表 5-16　中扬子地区按照埋深资源潜力评价结果表

埋深/m	地质资源量/$10^8 m^3$					可采资源量/$10^8 m^3$				
	Q_5	Q_{25}	Q_{50}	Q_{75}	Q_{95}	Q_5	Q_{25}	Q_{50}	Q_{75}	Q_{95}
小于 1 500	57 708	37 957	29 748	21 582	9 664	8 656	5 694	4 462	3 237	1 450
1 500～3 000	94 533	76 651	68 432	60 571	48 218	14 180	11 498	10 265	9 086	7 233
3 000～4 500	28 550	19 392	15 670	11 950	6 841	6 352	4 315	3 487	2 659	1 522
合计	180 791	134 000	113 850	94 103	64 723	29 188	21 507	18 214	14 982	10 205

（三）地表条件

研究区按照不同地形单元,其页岩气不同概率条件下的地质和可采资源量进行汇总如下(表 5-17)。

表 5-17　中扬子地区按照地表条件资源潜力评价结果表

埋深/m	地质资源量/$10^8 m^3$					可采资源量/$10^8 m^3$				
	Q_5	Q_{25}	Q_{50}	Q_{75}	Q_{95}	Q_5	Q_{25}	Q_{50}	Q_{75}	Q_{95}
平原	57 708	37 957	29 748	21 582	10 619	10 726	7 100	5 598	4 142	2 106
山区	94 533	76 651	68 432	60 571	47 273	14 180	11 498	10 265	9 086	7 091
丘陵	28 550	19 392	15 670	11 696	6 717	4 283	2 909	2 351	1 754	1 008
合计	180 790	134 000	113 850	93 850	64 609	29 188	21 506	18 213	14 982	10 204

（四）省级地理单元

研究区按照省行政区划分层系可以分为湖北省、湖南省和贵州省,其页岩气不同概率条件下的地质和可采资源量进行汇总如下(表 5-18)。

表 5-18　中扬子地区按照行政区划资源潜力评价结果表

埋深/m	地质资源量/$10^8 m^3$					可采资源量/$10^8 m^3$				
	Q_5	Q_{25}	Q_{50}	Q_{75}	Q_{95}	Q_5	Q_{25}	Q_{50}	Q_{75}	Q_{95}
湖北省	141 503	99 041	81 701	61 864	29 501	23 650	16 349	13 353	11 026	5 013
湖南省	36 831	33 193	30 741	28 714	32 606	4 992	4 764	4 546	4 183	5 161
贵州省	2 456	1 766	1 408	327	136	546	393	313	73	30
合计	180 790	134 000	113 850	93 850	64 609	29 188	21 506	18 213	14 982	10 204

二、评价结果合理性分析

（一）方法和参数的合理性分析

中扬子地区页岩气资源量评价的方法和关键参数的选择,均基于野外地质调查、测试分析和综合研究工作,并借鉴了北美页岩气资源评价的经验,各项参数的选择经过多次研讨、试算和结果对比,选择相对合理。方法选择上,主要基于以下考虑:①页岩气是自生自储、原地成藏的非常规资源,没有明确边界;②控制页岩气富集的多种因素综合分析、相互补偿;③中扬子地区页岩气地质、地表条件复杂。

中扬子地区页岩气资源评价处于探索阶段,资料少,特别是针对古生界页岩气的钻井少,不确定因素多,经过对类比法、统计法、成因法等综合分析,在目前条件下,采用条件概率体积法,其他方法作为辅助。评价工作中涉及的各项地质参数,在充分利用现有资料的基础上,参数选择合理,总体上能反映评价单元页岩气资源条件。

(二)地质资源潜力评价结果合理性分析

中扬子地区震旦系—志留系海相页岩气资源潜力评价结果期望值为 11.38×10^{12} m³,75%概率下的资源潜力为 9.41×10^{12} m³,25%概率下的资源潜力为 13.4×10^{12} m³,95%概率的资源潜力(6.47×10^{12} m³)与5%概率下的资源潜力值(18.07×10^{12} m³)相差2.79倍,评价结果分布范围合理,区间跨度适中。

(三)可采资源潜力评价结果合理性分析

研究区受后期构造改造强烈,主要页岩富集区地貌以丘陵和山区为主。下震旦统—下寒武统页岩整体埋藏较深,因此将中扬子及鄂东区陡山沱组和牛蹄塘组页岩气的可采系数确定为15%;中扬子区五峰组—龙马溪组埋藏相对较浅,可采系数确定为22.25%。研究区海相页岩气可采资源潜力评价结果期望值为 2.21×10^{12} m³,其结果符合预期。

第四节　页岩气有利区带优选

一、页岩气储层有利区优选标准

(一)中上扬子地区与北美 Barnett 页岩气对比

中上扬子地区震旦系—志留系发育三套沉积厚度大、分布范围广、有机质含量高的页岩沉积,即下震旦统陡山沱组、下寒武统牛蹄塘组和上奥陶统五峰组—下志留统龙马溪组暗色泥页岩。北美在页岩气勘探与评价方面积累相当多的经验,通过对比研究评价这三套页岩的页岩气不失为一种有效途径。在已发现页岩气并进行大量开采的盆地中,美国Fort Worth 盆地 Barnett 页岩气开发时间最早,研究程度最高,并且与中上扬子地区早古生代页岩具有很多的相似性,但也存在一定的差异性(邓庆杰和胡明毅,2014;李新景等,2009;聂海宽等,2009a,2009b;Jarvie et al.,2007;Bowker,2007,2003;Ahmed,2006;Allen and Allen,1990)。

1. 沉积环境对比

中上扬子地区自震旦纪以来一直处于稳定的热沉积阶段,早古生代处于"两盆一台"的构造格局,台内拗陷和台缘斜坡是页岩沉积的主要沉积背景。下寒武统牛蹄塘组沉积主要受被动大陆边缘地理格局控制,页岩主要沉积于台内拗陷和台地边缘的浅-深水陆棚,具有水深则页岩厚度较薄,但有机碳含量高,TOC 最高达到 15% 以上,水浅则厚度大而有机碳含量低的特点。晚奥陶世—早志留世页岩沉积正处于华南板块与扬子板块的汇聚早期,五峰组和龙马溪组页岩沉积于分布板块汇聚早期形成的拗陷内,拗陷内页岩厚度大、有机质含量高,而在拗陷外地区高含有机质的页岩厚度相对较薄。由于早寒武世与早志留世的沉积背景存在差异,台内拗陷与斜坡带存在迁移,两套页岩厚层有利区分布并不完全重叠。

美国 Fort Worth 盆地 Barnett 页岩与中上扬子地区陡山沱组、牛蹄塘组和五峰组组—龙马溪组页岩一样,具有页岩分布广、厚度大和有机质含量高的特点,沉积背景与特征极具相似性。盆地古生代寒武系—奥陶系沉积属于被动大陆边缘的台地相,缺失志留系—泥盆系,Barnett 页岩沉积于早石炭世板块汇聚的早期浅海陆棚沉积,富含有机质的厚层页岩主要沉积在台内早期挤压的拗陷内。Barnett 页岩在盆地东北部明斯特(Muenster)隆起以南厚度大,最大厚度达 300 m,内部夹有灰岩层。向西到中部隆起,Barnett 页岩厚度减薄,并逐渐变为碳酸盐岩沉积,页岩主要由硅质页岩、灰岩和少量白云岩组成。

总体而言,陡山沱组、牛蹄塘组、五峰组—龙马溪组暗色泥页岩与 Barnett 页岩具有相似之处在于:①处于前陆盆地形成早期深水陆棚沉积。由于陆源碎屑物供应充足,在以碳酸盐岩沉积为主的沉积背景下沉积的暗色泥页岩。②页岩分布范围广、沉积厚度大。③页岩的岩石成分复杂,黏土矿物不超过页岩成分的 35%,夹杂大量石英、长石等碎屑颗粒。不同之处在于:①陡山沱组、牛蹄塘组、五峰组—龙马溪组暗色泥页岩热演化程度较 Barnett 页岩高;②后期构造运动特别是喜马拉雅期构造运动强烈,导致目的层普遍受到强烈挤压抬升并部分出露地表。

2. 页岩气潜力对比

Tarvie 等把页岩气潜力评价关键要素归为四个方面:有机地球化学、原地气含量(GIP)、岩石学和地质与经济风险评价。其中前两项是最关键的要素,直接决定页岩气资源潜力;后两项决定页岩气开发的风险。根据牛蹄塘组和龙马溪组页岩资料条件,重点对有机地球化学要素进行对比,即页岩气成因类型、总有机碳含量(TOC)、干酪根类型、有机质成熟度(R_o)、有机质转化率。

1) 页岩气成因类型

页岩气成因类型可以分为两种:其一是生物成因气,主要是低成熟或未成熟烃源岩有机质生成的气;其二是热解成因气,包括干酪根热解成因的湿气或油裂解成因的干气。目前开发实践证实,热解成因的页岩气要优于生物成因气,页岩气的干度越高越有利。中上扬子地区陡山沱组、牛蹄塘组、五峰组—龙马溪组暗色泥页岩由于沉积时间早,经历了长时间的演化,暗色泥页岩中主要为热解成因气。Barnett 页岩开发区主要集中在盆地东北部埋深较大的地区,有机质成熟度较高,主要为干酪根热解成因的湿气,少量为油裂解成因的气,部分开发井伴有页岩油。

2)总有机碳含量(TOC)

中上扬子地区下震旦统陡山沱组、下寒武统牛蹄塘组和上奥陶统五峰组—下志留统龙马溪组海相富有机质泥页岩分布范围广,其有机碳含量和富含有机质的页岩厚度横向变化较大,川东北南江剖面牛蹄塘组页岩 TOC 大于 2.0% 的有效厚度超过 40 m,最大 TOC 达到 4.8%。黔北遵义黄家湾剖面最大 TOC 为 7.91%,TOC 大于 2.0% 的厚度超过 50 m,而位于湘西张家界柑子坪 TOC 最大达到 12.31%。最小为 0.27%,平均为 7.41%,但厚度不超过 25 m。石柱地区龙马溪组(包含五峰组)TOC 大于 2.0% 的厚度超过 100 m,是露头测得最大的页岩厚度,TOC 最大达到 6.5%,垂向上有向上 TOC 降低,页岩中的粉砂质含量增加的趋势,TOC 较高的层集中在上奥陶统五峰组—龙马溪组下部,向上逐渐减少。在巫溪县徐家坝,该套地层有机碳的分布与石柱冷水溪相比烃源岩厚度明显减薄,剖面底部 TOC 在 5% 以上的厚度只有 4 m 左右,向上逐渐降低,TOC 大于 3.0% 的厚度为 32 m 左右,TOC 大于 2.0% 的页岩厚 43 m。北美 Barnett 页岩 TOC 为 0.47%~13%,平均为 4.5%。总之,北美 Barnett 页岩有机碳含量总体上高于研究区海相富有机质泥页岩。

3)干酪根类型

研究区有机质成熟度过高,主要利用元素分析法、热解法和碳同位素分析法确定干酪根类型,其主要为 I、II 型干酪根,属于偏生油型干酪根。根据北美 Barnett 页岩样品分析结果表明,暗色泥页岩干酪根类型主要为 II 型干酪根,极少量为 III 型干酪根。综合表明,北美 Barnett 富有机质泥页岩干酪根类型较研究区干酪根类型更容易生成天然气,有利于页岩气富集体的形成。

4)页岩有机质成熟度

中上扬子地区露头和少部分钻井中所采集绝大部分样品用热解法得到最高热解峰温 T_{max} 超过 550 ℃,游离烃(S_1)和热解烃(S_2)只有极少数样品值超过 0.1 mg/g,加之干酪根中少有镜质体,只能利用沥青反射率计算成熟度,根据沥青反射率(R_b)和镜质体反射率(R_o)的关系换算出成熟度。对石柱冷水溪剖面三个样品采用常规的方法进行沥青测试及换算,其成熟度 R_o 大于 3.0%,部分志留系样品送到俄克拉荷马地质调查局实验室测试结果表明大部分样品 R_o 在 2.0% 左右,最大为 2.48%。北美 Barnett 页岩气开发效果表明,有页岩气开采能力的泥页岩有机质 R_o 一般不能小于 1.0%,页岩气日产气量与 R_o 呈指数正相关的关系,当 R_o 大于 1.0% 时,产气量迅速增加,且 Barnett 页岩气产区的 R_o 一般小于 1.5%。根据中上扬子地区与北美 Barnett 有机质成熟度对比可知,研究区下震旦统陡山沱组、下寒武统牛蹄塘组和上奥陶统五峰组—下志留统龙马溪组海相富有机质泥页岩有机质成熟度较 Barnett 页岩更高(潘仁芳等,2016)。

5) 有机质转化率

有机质转化率(T_R)是指干酪根从初始生烃到现今转化为烃类物质的比率,转化率的高低直接决定有多少烃类物质的生成,总有机碳含量和热解数据只代表现今有机质的状态,通常用成熟度能间接代表有机质或干酪根的转化率,主要是很难求得转化率这项指标。由于 Barnett 页岩存在有机质 R_o 为 0.5%~1.5% 的烃源岩,Jarvie 根据不同成熟度样品的热解数据,建立 R_o 与 T_{max} 的相关性以及原始有机碳含量(TOC_o)与目前有机碳含量(TOC_P)的相关性,利用这些对 Barnett 页岩实例井进行计算。一口井的实测 R_o 为 1.66%,计算的 R_o 为 1.61%,计算的有机质烃类转化率为 94%;另一口井计算的 R_o 为 1.01%,计算的有机质烃类转化率为 86%。与 Barnett 页岩相比,陡山沱组、牛蹄塘组、五峰组—龙马溪组页岩成熟度普遍较高,推测有机质转化率一定更高,至少在 95% 以上。

根据 Jarvie 的多参数评价方法及建议的最小值,将陡山沱组、牛蹄塘组、五峰组—龙马溪组页岩和 Barnett 页岩同时投到多级图。从图 5-2 可以看出,陡山沱组、牛蹄塘组、五峰组—龙马溪组页岩与 Barnett 页岩相似,远高于建议的最小极限值,除 TOC 平均值稍低于 Barnett 页岩外,其他指标要高于 Barnett 页岩,特别是三套富有机质泥页岩以干气为主,将大幅度提高开采效率,在局部地区富含有机质的页岩厚度也不逊色于 Barnett 页岩,其潜力可能优于 Barnett 页岩(肖贤明等,2013)。

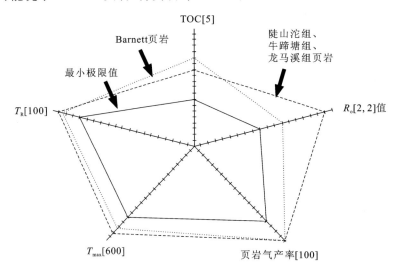

图 5-2　陡山沱组、牛蹄塘组、五峰组—龙马溪组页岩与 Barnett 页岩有机地球化学参数对比图

3. 岩石物性对比

根据岩心分析,在富含有机质层段平均孔隙度为 5%~6%,渗透率都不超过 $0.01 \times 10^{-3}\ \mu m^2$,平均喉道半径小于 0.5 μm。中上扬子地区陡山沱组、牛蹄塘组和五峰组—龙马溪组海相富有机质泥页岩物性平面上变化较大,在鄂西渝东地区富含有机质页岩层段富含硅质,局部有机质呈纹层状分布,根据露头样品分析的平均孔隙度不超过 3%,用常规方法没有测到渗透率数据。北美 Barnett 页岩的孔隙度为 4%~5%,富有机质泥页岩

矿物组成在盆地区变化很大,在生产区页岩主要是硅质页岩、灰岩和少量白云岩。岩性富硅质(33%～35%),少黏土矿物(<35%),某些区域发现大量黄铁石。有机质含量在富黏土矿物段最高达到13%,在富硅质页岩中,其平均构成是:石英占45%(主要是蚀变的富硅的放射虫),伊利石占27%,少量蒙脱石,灰岩+白云岩占8%,长石占7%,有机质占5%,黄铁矿占5%,菱铁矿占3%。总体而言,中上扬子地区海相富有机质泥页岩与北美Barnett泥页岩物性具有相似特征(王世谦等,2009)。

综上所述,中上扬子地区陡山沱组、牛蹄塘组和五峰组—龙马溪组海相富有机质泥页岩与Barnett页岩具有很多相似性,但是也存在一定的差异性。其主要表现为:①相似的沉积背景和沉积环境,均为板块汇聚早期台内拗陷或台缘斜坡深水陆棚环境;②页岩气类型均为热解成因气,研究区海相泥页岩以干气为主,而Barnett页岩以湿气为主;③研究区海相泥页岩较Barnett页岩具有更高的成熟度和油气转化率,单位体积的页岩气产率(Gas Yield)也会更高;④岩石物性及矿物组成研究区海相泥页岩与Barnett页岩具有相似特征。

(二) 页岩气有利区优选标准

结合我国油气勘探现状及页岩气资源特点,可将中上扬子地区页岩气分布区划分为远景区、有利区两个级别。其中,远景区为在区域地质调查的基础上,结合地质、地球化学、地球物理等资料,优选出的具备规模性页岩气形成地质条件的潜力区域;有利区为主要依据页岩分布情况、地球化学指标、钻井页岩气显示及少量含气性参数优选出来,经过进一步钻探能够或可能获得页岩气工业气流的区域(金之钧等,2016;杨振恒等,2011;张金川等,2009)。

结合国外勘探开发经验(Montgomery et al.,2005;Hill et al.,2002),根据国土资源部油气资源战略研究中心发布的《页岩气资源潜力评价与有力区优选方法》可知,优选页岩气有利区的参数包括有利区面积、泥页岩厚度、TOC(%)、R_o(%)、埋深、地表条件、总含气量及保存条件等(表5-19);并结合2012年国家财政部、能源局的页岩气界定标准:①赋存于烃源岩内,具有较高的有机质含量(TOC>1.0%),吸附气含量大于20%;②夹层及厚度,夹层粒度为粉砂岩及以下或碳酸盐岩,单层厚度不超过1 m;③夹层比例,气井目的层夹层总厚度不超过气井目的层的20%,优选出不同层位页岩气的远景区和有利区。

表5-19　中上扬子地区页岩气有利区优选参考指标

评价区	主要参数	变化范围
远景区	TOC	平均≥0.5%
	R_o	≥1.1%
	埋深	100～4 500
	地表条件	平原、丘陵、山区、沙漠及高原等
	保存条件	现今未严重剥蚀

评价区	主要参数	变化范围
有利区	页岩面积下限	有可能在其中发现目标(核心)区的最小面积,在稳定区或改造区都可能分布。根据地表条件及资源分布等多因素考虑,面积下限为 $200\sim500\ km^2$
	泥页岩厚度	厚度稳定,单层厚度≥10 m
	TOC	平均≥1.5%
	R_o	I 型干酪根≥1.2%;II 型干酪根≥0.7%;III 型干酪根≥0.5%
	埋深	$300\sim4000$ m
	地表条件	地形高差较小,如平原、丘陵、低山、中山、沙漠等
	总含气量	≥0.5 m^3/t
	保存条件	中等-好

远景区优选标准:页岩面积大,泥页岩厚度稳定,有机质丰度大(TOC≥0.5%),有机质成熟度高(R_o≥1.1%),埋深为 $100\sim4\ 500$ m,地表高差小及保存条件中等。

有利区优选标准:页岩面积大,面积下限为 $200\sim500\ km^2$,泥页岩厚度稳定,且单层厚度≥10 m,有机质丰度大(TOC≥1.5%),有机质成熟度高(I 型干酪根≥1.2%;II 型干酪根≥0.7%;III 型干酪根≥0.5%),总含气量大(≥0.5 m^3/t),埋深为 $100\sim4\ 500$ m,地表高差小及保存条件中等-好。

二、页岩气储层有利区分布特征

据页岩气远景区判别标准,陡山沱组页岩是有利页岩气发育层位。通过资料的综合分析统计,陡山沱组页岩有机碳含量超过 0.5% 的数据达 95% 以上,有机质类型为 II 型,有机质成熟度几乎全部达标。综合中上扬子地区陡山沱组页岩有机碳含量预测图、有机质成熟度分布图、页岩预测埋深图、地表条件和保存条件的约束,编制出陡山沱组页岩气远景预测图,划分出黔北—湘西—鄂北—鄂东为页岩气勘探远景区(图 5-3)。

综合中上扬子地区牛蹄塘组页岩有机碳含量预测图、有机质成熟度分布图、埋深预测图、地表条件和保存条件的约束,编制出牛蹄塘组页岩气远景预测图,划分出黔北—湘西—鄂北—鄂东为页岩气勘探远景区(图 5-4)。

综合中上扬子地区五峰组—龙马溪组页岩有机碳含量预测图、有机质成熟度分布图、埋深预测图、地表条件和保存条件的约束,编制出五峰组—龙马溪组页岩气远景预测图,划分出川南—湘西—鄂北—鄂东为页岩气勘探远景区(图 5-5)。

进一步综合含气页岩面积、厚度、TOC、R_o、埋深、总含气量及区域保存条件等因素,优选出中上扬子地区陡山沱组、牛蹄塘组、五峰组—龙马溪组页岩气有利区(图 5-3~图 5-5),该有利区带的优选可为下一步勘探决策提供地质参考。

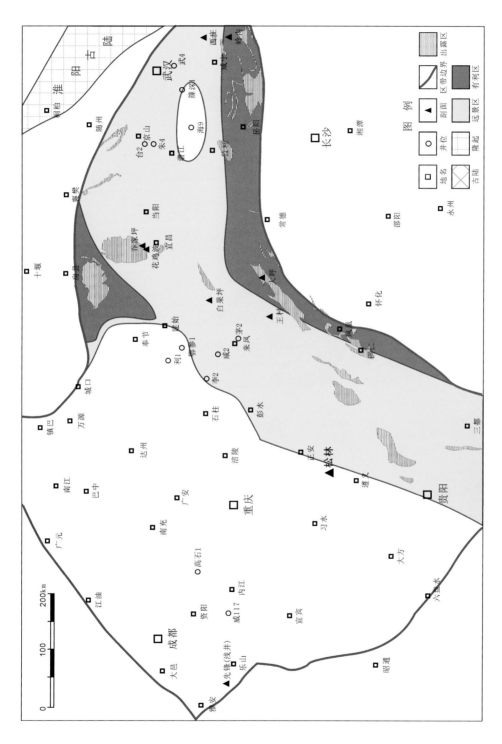

图 5-3　中上扬子地区陡山沱组页岩气远景区和有利区预测图

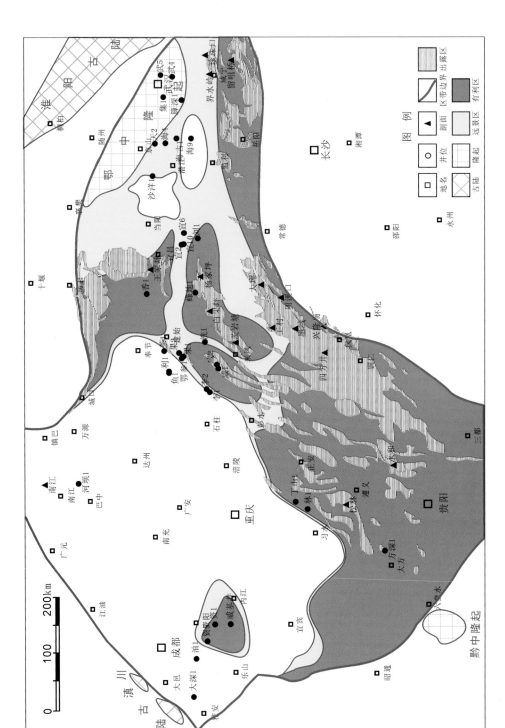

图 5-4 中上扬子地区牛蹄塘组页岩气远景区和有利区预测图

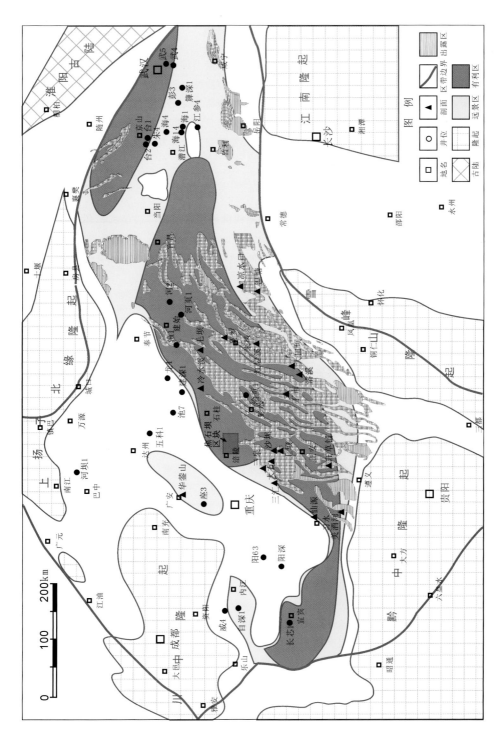

图 5-5 中上扬子地区五峰组—龙马溪组页岩气远景区和有利区预测图

参 考 文 献

陈波,皮定成.2009.中上扬子地区志留系龙马溪组页岩气资源潜力评价.中国石油勘探,(3):15-19.

陈吉,肖贤明.2013.南方古生界3套富有机质页岩矿物组成与脆性分析.煤炭学报,38(5):822-826.

陈更生,董大忠,王世谦,等.2009.页岩气藏形成机理与富集规律初探.天然气工业,29(5):17-21.

陈洪德,庞林,倪新峰,等.2007.中上扬子地区海相油气勘探前景.石油实验地质,29(1):13-18.

陈洪德,黄福喜,徐胜林,等.2009.中上扬子地区海相成烃物质聚集分布规律及主控因素.成都理工大学
    学报:自然科学版,36(6):569-577.

陈文玲,周文,罗平,等.2013.四川盆地长芯1井下志留统龙马溪组页岩气储层特征研究.岩石学报,29
    (3):1074-1086.

陈孝红,汪嘴风,毛晓冬.1999.湘西地区晚震旦世—早寒武世黑色岩系地层层序沉积环境与成因.地球
    学报,20(1):87-95.

陈玉明,高星星,盛贤才.2013.湘鄂西地区构造演化特征及成因机理分析.石油地球物理勘探,48(增1):
    157-162.

邓庆杰,胡明毅.2014.上扬子地区下志留统龙马溪组页岩气成藏条件及有利区预测.科学技术与工程,
    14(17):40-47.

董大忠,程克明,王世谦,等.2009.页岩气资源评价方法及其在四川盆地的应用.天然气工业,29(5):
    33-39.

董大忠,邹才能,李建忠,等.2011.页岩气资源潜力与勘探开发前景.地质通报,30(2/3):324-336.

付小东,秦建中,腾格尔.2008.四川盆地东南部海相层系优质烃源层评价:以丁山1井为例.石油实验地
    质,30(6):621-628.

郭旭升.2014.涪陵页岩气田焦石坝区块富集机理及勘探技术.北京:科学出版社.

郭英海,李壮福,李大华,等.2004.四川地区早志留世岩相古地理.古地理学报,6(1):20-29.

郭战峰,陈绵琨,付宜兴,等.2008.鄂西渝东地区震旦、寒武系天然气成藏条件.西南石油大学学报:自然
    科学版,30(4):39-42.

郭战峰,盛贤才,胡晓凤,等.2013.中扬子区海相层系石油地质特征与勘探方向选择.石油天然气学报,
    35(6):1-9.

韩双彪,张金川,Brian H,等.2013.页岩气储层孔隙类型及特征研究:以渝东南下古生界为例.地学前
    缘,20(3):247-253.

郝芳,邹华耀,倪建华,等.2002.沉积盆地超压系统演化与深层油气成藏条件.地球科学(中国地质大学
    学报),27(5):610-615.

郝芳,邹华耀,方勇,等.2006.超压环境有机质热演化和生烃作用机理.石油学报,27(5):9-18.

胡海燕.2013.富有机质Woodford页岩孔隙演化的热模拟实验.石油学报,34(5):1-5.

胡明毅,代卿林,朱忠德.1993.中扬子地区海相碳酸盐岩石油地质特征及远景评价.石油与天然气地质,
    14(4):331-339.

胡明毅,高振中,李建明.1998.中上扬子区古生界深水斜坡及台地边缘碳酸盐岩成岩作用.石油实验地
    质,20(3):239-247.

胡明毅,胡忠贵,魏国齐,等.2012,四川盆地茅口组层序岩相古地理特征及储层预测.石油勘探与开发,
    39(1):45-55.

胡明毅,邓庆杰,邱小松.2013.上扬子地区下寒武统牛蹄塘组页岩气储层矿物成分特征.石油天然气学报,35(5):1-6.

胡明毅,邓庆杰,胡忠贵.2014.上扬子地区下寒武统牛蹄塘组页岩气成藏条件.石油与天然气地质,35(2):272-280.

胡明毅,邱小松、胡忠贵,等.2015.页岩气储层研究现状及存在问题探讨.特种油气藏,22(2):1-7.

黄第藩,李晋超,张大江.1984.干酪根的类型及其分类参数的有效性、局限性和相关性.沉积学报,2(3):18-33.

黄福喜.2011.中上扬子克拉通盆地沉积层序充填过程与演化模式.成都:成都理工力学.

黄福喜,陈洪德,侯明才,等.2011.中上扬子克拉通加里东期寒武—志留纪沉积层序充填过程与演化模式.岩石学报,27(8):2299-2317.

黄文明,刘树根,马文辛,等.2011.川东南—鄂西渝东地区下古生界页岩气勘探前景.地质通报,30(2-3):364-371.

吉利明,罗鹏.2012.样品粒度对黏土矿物甲烷吸附容量测定的影响.天然气地球科学,23(3):535-540.

蒋裕强,董大忠,漆麟,等.2010.页岩气储层的基本特征及其评价.天然气工业,30(10):7-12.

金吉能,潘仁芳,王鹏.2012.地震多属性反演预测页岩气总有机碳含量.石油天然气学报,34(11):68-72.

金之钧,张金川.1999.油气资源评价技术.北京:石油工业出版社.

金之钧,张金川.2002.油气资源评价方法的基本原则.石油学报,23(1):19-23.

金之钧,胡宗全,高波,等.2016.川东南地区五峰组—龙马溪组页岩气富集与高产控制因素.地学前缘,23(1):1-10.

李建忠,董大忠,陈更生,等.2009.中国页岩气资源前景与战略地位.天然气工业,29(5):11-16.

李世臻,乔德武,冯志刚,等.2010.世界页岩气勘探开发现状及对中国的启示.地质通报,29(6):918-924.

李思田.2006.活动构造古地理与中国大型叠合盆地海相油气聚集研究.地学前缘,13(6):22-29.

李思田.2015.沉积盆地动力学研究的进展、发展趋向与面临的挑战.地学前缘,22(1):1-8.

李新景,吕宗刚,董大忠,等.2009.北美页岩气资源形成的地质条件.天然气工业,29(5):27-32.

李延钧,刘欢,刘家霞,等.2011.页岩气地质选区及资源潜力评价方法.西南石油大学学报:自然科学版,33(2):28-34.

李艳丽.2009.页岩气储量计算方法探讨.天然气地球科学,20(3):132-1378.

李玉喜,乔德武,姜文利,等.2011.页岩气含气量和页岩气地质评价综述.地质通报,30(2/3):308-317.

李玉喜,张金川,姜生玲,等.2012.页岩气地质综合评价和目标优选.地学前缘,19(5):332-338.

李忠雄,陆永潮,王剑,等.2004.中扬子地区晚震旦世—早寒武世沉积特征及岩相古地理.古地理学报,6(2):151-161.

梁超,姜在兴,杨镱婷,等.2012.四川盆地五峰组—龙马溪组页岩岩相及储集空间特征.石油勘探与开发,39(6):691-698.

林畅松.2009.沉积盆地的层序和沉积充填结构及过程响应.沉积学报,27(5):849-862.

林腊梅,张金川,唐玄,等.2012.南方地区古生界页岩储层含气性主控因素.吉林大学学报(地球科学版),42(2):88-94.

刘洪林,王红岩,刘人和,等.2010.中国页岩气资源及其勘探潜力分析.地质学报,84(9):1374-1378.

刘树根,曾祥亮,黄文明,等.2009.四川盆地页岩气藏和连续型-非连续型气藏基本特征.成都理工大学学报:自然科学版,36(6):578-592.

龙鹏宇,张金川,姜文利,等.2012.渝页 1 井储层孔隙发育特征及其影响因素分析.中南大学学报(自然科学版),43(10):3954-3963.

马力,陈焕疆,甘克文,等.2004.中国南方大地构造和海相油气地质.北京:地质出版社.

聂海宽,唐玄,边瑞康.2009a.页岩气成藏控制因素及中国南方页岩气发育有利区预测.石油学报,30(4):484-491.

聂海宽,张金川,张培先,等.2009b.福特沃斯盆地 Barnett 页岩气藏特征及启示.地质科技情报,28(2):87-93.

潘仁芳,陈亮,刘朋丞.2011.页岩气资源量分类评价方法探讨.石油天然气学报,33(5):172-174.

潘仁芳,唐小玲,孟江辉,等.2014.桂中坳陷上古生界页岩气保存条件分析.石油天然气地质,35(4):534-541.

潘仁芳,龚琴,鄢杰,等.2016.页岩气藏"甜点"构成要素及富气特征分析:以四川盆地长宁地区龙马溪组为例.天然气工业,36(3):7-13.

蒲泊伶,蒋有录,王毅,等.2010.四川盆地下志留统龙马溪组页岩气成藏条件及有利地区分析.石油学报,31(2):225-230.

邱小松,杨波,胡明毅.2013.中扬子地区五峰组—龙马溪组页岩气储层及含气性特征.天然气地球科学,24(6):1274-1283.

邱小松,胡明毅,胡忠贵,等.2014a.页岩气资源评价方法及评价参数赋值:以中上扬子地区五峰组—龙马溪组为例.中国地质,41(6):2091-2098.

邱小松,胡明毅,胡忠贵.2014b.中扬子地区下寒武统岩相古地理及页岩气成藏条件分析.中南大学学报:自然科学版,45(9):3174-3185.

汤济广,梅廉夫,周旭,等.2011.扬子陆块差异构造变形对海相地层成烃演化的控制.天然气工业,31(10):36-41.

汤济广,梅廉夫,沈传波,等.2012.多旋回叠合盆地烃流体源与构造变形响应:以扬子地块中古生界海相为例.地球科学——中国地质大学学报,37(3):526-534.

汤济广,李豫,汪凯明,等.2015.四川盆地东南地区龙马溪组页岩气有效保存区综合评价.天然气工业,35(5):15-23.

腾格尔,高长林,胡凯,等.2006.上扬子东南缘下组合优质烃源岩发育及生烃潜力.石油实验地质,28(4):359-365.

王世谦,陈更生,董大忠,等.2009.四川盆地下古生界页岩气藏形成条件与勘探前景.天然气工业,29(5):51-58.

王玉满,董大忠,李建忠,等.2012.川南下志留统龙马溪组页岩气储层特征.石油学报,33(4):551-561.

吴玉坤,胡明毅,刘志峰,等.2013.琼东南盆地崖北凹陷崖城组沉积相及煤系烃源岩分布.天然气地球科学,24(3):582-590.

武景淑,于炳松,李玉喜.2012.渝东南渝页 1 井页岩气吸附能力及其主控因素.西南石油大学学报:自然科学版,34(4):40-48.

肖传桃,李建明,郭成贤.1996.中上扬子地区五峰组沉积环境的再认识.四川地质学报,16(4):294-298.

肖贤明,宋之光,朱炎铭,等.2013.北美页岩气研究及对我国下古生界页岩气开发的启示.煤炭学报,38(5):721-727.

徐国盛,徐志星,段亮,等.2011.页岩气研究现状及发展趋势.成都理工大学学报:自然科学版,38(6):603-610.

杨威,谢武仁,魏国齐,等.2012.四川盆地寒武纪—奥陶纪层序岩相古地理有利储层展布与勘探区带.石油学报,33(增2):21-34.

杨振恒,腾格尔,李志明,等.2011.页岩气勘探选区模型:以中上扬子下寒武统海相地层页岩气勘探评价为例.天然气地球科学,22(1):8-13.

于炳松.2012.页岩气储层的特殊性及其评价思路和内容.地学前缘,19(3):252-258.

于炳松.2013.页岩气储层孔隙分类与表征.地学前缘,20(4):211-220.

张琴,刘洪林,拜文华,等.2013.渝东南地区龙马溪组页岩含气量及其主控因素分析.天然气工业,33(5):35-39.

张金川,金之均,袁明生.2004.页岩气成藏机理和分布.天然气工业,24(7):15-18.

张金川,徐波,聂海宽,等.2008.中国页岩气资源勘探潜力.天然气工业,28(16):136-140.

张金川,姜生玲,唐玄,等.2009.我国页岩气富集类型及资源特点.天然气工业,29(12):109-114.

张金川,林腊梅,李玉喜,等.2012.页岩气资源评价方法与技术:概率体积法.地学前缘,19(2):184-191.

张士万,孟志勇,郭战峰,等.2014.涪陵地区龙马溪组页岩储层特征及其发育主控因素.天然气工业,34(12):16-24.

钟宁宁,卢双舫,黄志龙,等.2004.烃源岩生烃演化过程TOC值的演变及其控制因素.中国科学D辑:地球科学,34:120-126.

国家能源局.2012.中华人民共和国石油天然气行业标准:沉积岩中镜质体反射率测定方法:SY/T 5124—2012.北京:石油工业出版社.

朱忠德,胡明毅,肖传桃,等.1995.鄂西南—湘西北地区上震旦统—奥陶系石油地质研究.北京:地质出版社.

邹才能,陶士振,袁选俊,等.2009."连续型"油气藏及其在全球的重要性:成藏、分布与评价.石油勘探与开发,36(6):669-682.

邹才能,董大忠,王社教,等.2010.中国页岩气形成机理、地质特征及资源潜力.石油勘探与开发,37(6):641-653.

Ahmed C. 2006. Petroleum system attributes of the Bossier Shale of East Texas and Barnett Shale of North-Central Texas: evolving ideas and their impact on shale and tight sand gas resource assessment. Gulf Coast Association of Geological Societies Transactions,56:139-149.

Allen P A, Allen J R. 1990. Basin analysis: principles and application. Oxford: Blackwell Publishing: 1-451.

Bowker K A. 2003. Recent development of the Barnett Shale play, Fort Worth basin. West Texas Geological Society Bulletin,42(6):1-11.

Bowker K A. 2007. Barnett Shale gas production, Fort Worth basin: Issues and discussion. AAPG Bulletin,91(4):523-533.

Bustin M M,Cui X,Bustin R M. 2009. Measurements of gas permeability and diffusivity of tight reservoir rocks:different approaches and their applications. Geofluids,9(3):208-223.

Chalmers G R L,Bustin R M. 2008a. Lower cretaceous gas shales in northeastern British Columbia, Part I: geological controls on methane sorption capacity. Bulletin of Canadian Petroleum Geology,56(1):22-61.

Chalmers G R L,Bustin R M. 2008b. The gas shale of the Lower cretaceous in the northeast of British Columbia. Bulletion of Canadian Petroleum Geology,56(1):1-21.

Curtis J B. 2002. Fractured shale-gas systems. AAPG Bulletin,86(11):1921-1938.

Curtis M E,Sondergeld C H,Ambrose R J,et al. 2012. Microstructural investigation of gas shales in two and three dimensions using nanometer-scale resolution imaging. AAPG Bulletin,96(4):665-677.

Faraj B, Williams H, Addison G. , et al. 2004. Gas potential of selected shale formations in the Western Canadian Sedimentary Basin. Gas TIPS, 10(1):21-25.

Hartiwig A, Konitzer S, Boucsein B, et al. 2010. Applying classical shale gas evaluation concepts to Germany—Part Ⅱ: Carboniferous in Northeast Germany. Chemie der Erde-Geochemistry, 70 (3): 93-106.

He Y B, Luo J X, Wen Z. 2013. Lithofacies palaeogeography of the upper Permian Changxing stage in the middle and upper Yangtze region, China. Journal of palaeogeography, 2(2):139-162.

Hill D G, Lombardi T E, Martin J P. 2002. Fractured shale gas potential in New York. Annual Conference-Ontario Petroleum Institute.

Hill J R, Zhang E T, Katz J B, et al. 2007. Modeling of gas generation from the Barnett Shale, Forth Worth Basin, Texas. AAPG Bulletin, 91(4):501-521.

Holditch S A. 2006. Tight gas sands. Journal of Petroleum Technology, 58(06):86-93.

Hu H Y. 2014. Methane adsorption comparison of different thermal maturity kerogens in shale gas system. Chinese Journal of Geochemistry, 33(4):425-430.

Hu H Y, Zhang T W, Jaclyn D, et al. 2015a. Experimental investigation of changes in methane adsorption of bitumen-free Woodford Shale with thermal maturation induced by hydrous pyrolysis. Marine and Petroleum Geology, 59:114-128.

Hu H Y, Zeng Z P, Liu J Z. 2015b. Key elements controlling oil accumulation within the tight sandstones. Journal of Earth Science, 26(3):328-342.

Hu M Y. 1999. Distribution of strontium in upper Sinian carbonate rocks of northern margin of middle Yangtze Platform and its envirionmental implication. Scientia Geologica Sinica, 8(1):399-402.

Hu M Y, Hu Z G, Wei G Q. 2012. Sequence lithofacies paleogeography and reservoir prediction of the Maokou Formation in the Sichuan Basin. Prtroleum Exploration and Development, 39(1):45-55.

Jarvie D M, Hill R J, Ruble T E, et al. 2007. Unconventional shale gas systems: The Mississippian Barnett Shale of north-central Texas as one model for thermogenic shale-gas assessment. AAPG Bulletin, 91(4):475-499.

Javadpour F. 2009. Nanopores and apparent permeability of gas flow in mudrocks (shales and siltstone). Journal of Canadian Petroleum Technology, 48(8):16-21.

John B C. 2002. Fractured shale-gas systems. AAIG, 86(11):1921-1938.

Loucks R G, Ruppel S C. 2007. Mississippian Barnett Shale: lithofacies and depositional setting of a deep-water shale-gas succession in the Fort Worth Basin, Texas. AAPG Bulletin, 91(4):579-601.

Loucks R G, Reed R M, Ruppel S C, et al. 2012. Spectrum of pore types and networks in mudrocks and a descriptive classification for matrix-related mudrock pores. AAPG Bulletin, 96(6):1071-1098.

Martini A M, Walter L M, Budai J M, et al. 1998. Genetic and temporal relations between formation waters and biogenic methane —Upper Devonian Antrim Shale, Michigan Basin, USA. Geochimicaet Cosmochimica Acta, 62(10):1699-1720.

Martini A M, LynnM W, Jennifer C M. 2008. Identification of microbial and thermogenic gas components from Upper Devonian black shale cores, Illinois and Michigan Basin . AAPG, 92(3):327-339.

Milici R C. 1993. Autogenic gas(Self Sourced) from shales: an example from the Appalachian Basin . In: Howell D G (ed.). The Future of Energy Gases, US Geological Survey Professional Paper. Washington: US Geological Survey:253-278.

Milner M，Mclin R，Petriello J，et al. 2010. Imaging texture and porosity in mudstones and shales： comparison of secondary and lon-milled backscatter SEM methods. SPE138975.

Montgomery S L，Jarvie D M，Bowker K A，et al . 2005. Mississippian Barnett Shale，Fort Worth Basin ，north central Texas ：gas shale play with multitrillion cubic foot potential . AAPG Bulletin，89(2)：155-175.

Pollastro R M. 2007. Total petroleum system assessment of undiscovered resources in the giant Barnett Shale continuous(unconventional) gas accumulation，Fort Worth Basin，Texas. AAPG Bulletin，91(4)： 551-578.

Ratchford M E，Bridges L C. 2006. Geochemisty and thermal maturity of the upper Mississipian Fayetteville shale formation，eastern Arkoma Basin and Mississipian Embayment region，Arkansas. SPEPM，56th annual convention，717-721.

Read J E. 1985. Garbonate plateform facies models. AAPG Bulletin，69(1)：1-21.

Robert L L，Ruppel S C. 2007. Mississippian Barnett Shale：lithofacies and depositional setting of a deep-water shale-gas succession in the Fort Worth Basin，Texas. AAPG，91(4)：579-601.

Roger M S，Neal R O. 2011. Pore types in the Barnett and Woodford gas shales：contribution to understanding gas storage and migration pathways in fine-grained rocks. AAPG Bulletin，95(12)：2017-2030.

Ross D J K，Bustin R M. 2007. Shale gas potential of the lower Jurassic gordondale member northeastern British Columbia，Canada. Bulletin of Canadian Petroleum Geology，55(1)：51-75.

Schmoker J W. 2002. Resource-assessment perspectives for unconventional as systems. AAPG Bulletin，86 (12)：1993-1999.

Slatt E M，O'Neal N R. 2011. Pore types in the Barnett and Woodford gas shale：contutibution to understanding gas storage and migration pathways in fine-graibed rocks. AAPG Bulletin，95(12)：2017-2030.

Stanging M B，Katz D L. 1942. Density of natural gases. Transactions of the AIME，146(01)：140-149.

Strapoc D，Mastalerz M，Schimmelmann A，et al. 2010. Geochemical constraints on the origin and volume of gas in the New Albany Shale (Devonian － Mississippian)，eastern Illinois Basin. AAPG Bulletion，94 (11)：713-1740.

Tang X，Zhang J C，Jin Z J，et al. 2015. Experimental investigation of thermal maturation on shale reservoir properties from hydrous pyrolysis of Chang 7 shale，Ordos Basin. Marine and Petroleum Geology，64：165-172.

U. S. Energy Information Administration. 2011. World shale gas resources：an initial assessment of 14 regions outside the United States. Washington D C：EIA.

U. S. Shale Gas. 2008. An uncoventional resource unconventional challenges. white paper，Halliburton.